Prüfungswissen

Mathe

10. Klasse

Gymnasium

Cornelsen
SCRIPTOR

Die Autoren:
Hans Karl Abele, Reiner Böttcher, Werner Friedrich, Ludger Klar, Walter Kowalczyk, Benno Mohry, Klaus Ottich, Michael Rüve, Jörg Schneidler, Edmund Wallis

Teile dieses Werks wurden übernommen aus: Mein Grundwissen 9./10. Klasse. Deutsch/Mathe/Englisch. Gymnasium. Cornelsen Scriptor, Berlin 2005

www.cornelsen.de

Bibliografische Information: Die Deutsche Bibliothek verzeichnet diese Publikation in der Deutschen Nationalbibliografie; detaillierte bibliografische Daten sind im Internet über http://dnb.ddb.de abrufbar.

Dieser Band folgt den Regeln der deutschen Rechtschreibung, die seit August 2006 gelten.

5.	4.	3.	2.	1.	Die letzten Ziffern bezeichnen
12	11	10	09	08	Zahl und Jahr der Auflage.

Redaktion: Susanne Hohmann; lüra – Klemt & Mues GbR (Projektleitung)
Herstellung: Uwe Pahnke, Berlin
Umschlaggestaltung und typografische Konzeption des Inhalts:
Magdalene Krumbeck, Wuppertal
Layout: Dagmar & Torsten Lemme, Berlin
Sachzeichnungen: Simone Büchner, Berlin
Druck und Bindung: Westermann Druck Zwickau GmbH
Printed in Germany
ISBN 978-3-589-22626-9

Gedruckt auf säurefreiem Papier,
umweltschonend hergestellt aus chlorfrei gebleichten Faserstoffen.

Vorwort

Liebe Schülerin, lieber Schüler!
Dieser Band bietet dir, was du für die zentrale Arbeit am Ende der 10. Klasse brauchst.

Das Buch eignet sich zum Lernen, Nachschlagen und Wiederholen. Du findest viele Merksätze, Regeln und Beispiele, die dich beim Aufarbeiten des Prüfungswissens unterstützen.

Wie kannst du mit diesem Buch arbeiten?

1 Prüfe im **Inhaltsverzeichnis**, welche Inhalte des Faches du wiederholen willst. Arbeite dann das Kapitel durch.
2 Arbeite das Kapitel **„Fit für die Prüfung“** durch. Es gibt dir wertvolle Tipps, wie du dich richtig auf die Prüfung vorbereitest.
3 Der **Test** am Ende des Buches bietet dir die Gelegenheit zur Selbstkontrolle: Was habe ich verstanden? Was muss ich wiederholen?
4 Das **Stichwortverzeichnis** am Ende des Buches dient dir als Wegweiser zu den Prüfungsthemen.

Und noch ein paar praktische Tipps zum Lernen mit diesem Buch:

- Nimm dir nicht zu viel auf einmal vor. Bearbeite lieber **kleinere Abschnitte**, aber dafür **regelmäßig**.
- Bist du beim Lösen der Testaufgaben nicht ganz sicher, sieh dir die **Kapitel und Beispiele** noch einmal genau an.
- Vergleiche deine Ergebnisse mit dem **Lösungsteil** im Anschluss an die Testseiten. Überprüfe bei Fehlern genau, was du falsch gemacht hast.

Viel Erfolg!
Die Prüfungswissen-Redaktion
von Cornelsen Scriptor

Inhaltsverzeichnis

Die Satzgruppe des PYTHAGORAS

Der Kreis

Geometrische Körper

Trigonometrie

Stochastik

Fit für die Prüfung

Dein Erfolg bei der zentralen Abschlussprüfung in Klasse 10 entscheidet mit über Zugang und Startchancen in der Oberstufe. Es lohnt sich also, sich gut auf diese Prüfung vorzubereiten. Dabei wollen wir dich unterstützen.

Wenn es dir im Laufe der Schulzeit schwergefallen ist, dich regelmäßig auf den Unterricht und die Arbeiten vorzubereiten, dann bitte nun eine Freundin oder einen Freund oder deine Eltern, dass sie dich beim Lernen unterstützen.

Du willst dich gründlich und gezielt vorbereiten? Dann brauchst du genaue Angaben darüber, worum es in der Prüfung gehen wird. Bitte deinen Lehrer oder deine Lehrerin um entsprechende Auskünfte, und frage so lange nach, bis dir alles klar ist. Informiere dich auch bei deinen Mitschülerinnen und Mitschülern.

Auf den folgenden Seiten werden wir dir als Erstes zeigen, wie du einen Plan erstellen kannst, um dich auf die Prüfung vorzubereiten. Wir geben dir Hinweise, wie du deinen inneren „Schweinehund“ überwindest, um mit der Arbeit anzufangen und am Ball zu bleiben. Danach erläutern wir, wie du dir den Lernstoff aneignen kannst. Und schließlich geht es um die schriftliche Prüfung selbst. Wie gehst du so mit Aufregung und Anspannung um, dass du in der Prüfung dein Wissen erfolgreich zeigen kannst? Abschließend geben wir dir Tipps, wie du gut durch eine mündliche Prüfung kommst.

Wichtig: einen Arbeitsplan machen und die Vorbereitungszeit gut einteilen

Erkundige dich in der Schule bei deinen Lehrern, auf welche Themen du dich vorbereiten musst, und schreibe diese Themen auf eine Liste.

Erstelle jetzt einen Zeitplan, der mit dem heutigen Tag beginnt und mit der Abschlussprüfung endet. Trage für jeden Tag genau ein, wann du welchen Lernstoff erarbeiten willst. Wenn du dein Pensum an dem jeweiligen Tag erledigt hast, kannst du mit einem kräftigen Strich in Leuchtfarbe einen Haken machen und so sehen: „Das habe ich schon geschafft!“

Nimm dir am besten eine feste Zeit zum regelmäßigen Lernen. Ein gleich bleibender Arbeitsbeginn hilft dir, mit dem Lernen anzufangen. Dies gilt auch für den festen Arbeitsplatz. Falls du die vorgesehene Lernzeit an einem Tag nicht einhalten kannst, bestimme für diesen Tag eine neue, aber wiederum verbindliche Lernzeit. Die Zeit ist dein Signal, mit dem Lernen zu beginnen. Halte sie ein, verspäte dich nicht. Achte darauf, den Lernstoff getrennt zu verteilen – an jedem Tag ein anderes Fach oder andere Inhalte. Wenn du Ähnliches zugleich lernst, kommt dein Gehirn durcheinander.
Hier ein Beispiel für die ersten drei Tage, mit denen deine Vorbereitung beginnen könnte.

Datum	Zeit	Fach	Inhalt	Erledigt
Montag, 02.04.2007	18.30 – 20.00 Uhr	Englisch	Die ersten 20 unregelmäßigen Verben lernen; Kapitel 3 im Englisch-Buch durcharbeiten.	
Dienstag, 03.04.2007	15.30 – 17.00 Uhr	Mathematik	Die Seiten 3 bis 7 im Mathematik-Buch durcharbeiten.	
Mittwoch, 04.04.2007	18.00 – 19.30 Uhr	Deutsch	„Wortarten“ und „Satzglieder“ wiederholen; im Deutsch-Buch die Abschnitte 1 und 2 durcharbeiten.	

Wenn du Mühe damit hast, einen solchen Plan aufzustellen, setze dich mit Freunden oder mit deinen Eltern zusammen und lass dir dabei helfen.

So fällt es leichter, überhaupt loszulegen …

Setze dich vor allem anderen erst einmal an den Schreibtisch.

Der Gedankenmüll-Korb

Wenn dir dann Gedanken durch den Kopf gehen wie „Ich muss noch Blumen gießen“, „Eigentlich müsste ich erst mal mit dem Hund nach draußen“, „Mathe kann ich eh nicht“ usw., dann schreibe die Gedanken einen nach dem anderen auf kleine Zettel und wirf sie in einen „Gedankenmüll-

Korb". Am nächsten Tag kannst du ihn zusammen mit Freunden, Eltern und Geschwistern plündern und mal schauen, was dein innerer „Schweinehund" dir alles an Ausweichideen eingeflüstert hat.

Der Gedanken-Stopp

Sobald ein Gedanke auftaucht, der dich von der Arbeit ablenkt, sagst du zu dir selbst: „Stopp!" Damit beendest du die abschweifenden Gedanken. Atme anschließend einmal tief durch und richte beim Ausatmen die Aufmerksamkeit wieder auf deine Arbeit.

So arbeitest du effektiv

Zur Vorbereitung auf deine Prüfung musst du alten Lernstoff wiederholen und auffrischen, dir aber auch neues Wissen aneignen. Da du nicht alles auswendig lernen kannst, musst du den Stoff so aufbereiten, dass du die wichtigen Stellen (die wichtigen Inhalte) im Kopf hast und mit eigenen Worten wiedergeben kannst. Benutze dafür die Methode „Nussschale". Sie hilft dir, den Kern des Textes – die Nuss in der Schale – zu erkennen. Der folgende Beispieltext verdeutlicht die Einzelheiten dieses Verfahrens.

1. Schritt: den Text (nur) überfliegen.

Verschaffe dir zunächst einen Überblick über den Text. Lies ihn zügig durch. Hierbei stellst du fest, was dir bekannt ist und worum es insgesamt geht. Beachte die Überschrift.

Prüfungsvorbereitung per Internet

Stundenlang brüten nachmittags Schülerinnen und Schüler über den Aufgaben, die der Vorbereitung oder der Nachbereitung des Lernstoffs dienen. Ist denn kein Kraut gewachsen gegen diese von Mädchen wie von Jungen gleichermaßen abgelehnte Plackerei? Rettung verspricht ein Medium, das ohnehin in der Gunst der Jugendlichen ganz vorn rangiert. Der PC – genauer gesagt der Drucker – spuckt nach der Prüfungsvorbereitungssuche im Netz und einigen Klicks auf das betreffende Fach sowie das verordnete Thema einen fix und fertig vorliegenden Text aus.

So weit, so gut. Nur gerät der Schüler dann in Schwierigkeiten.

Der Lehrer braucht nämlich die Zeilen nur flüchtig durchzusehen und zwei oder drei Rückfragen zu stellen – schon fliegt der Schwindel auf. So drückt sich dieser Schüler doch sonst nicht aus. So viele Fehler in der Rechtschreibung und Zeichensetzung und eine derart unpassende Ausdrucksweise sind für ihn eher untypisch („Die Rhetorik erschien, nach der Mitte des fünften Jahrhunderts, in Sizilien.").

Der Lehrer wird das Beste daraus machen: die Vorzüge der Informationsbeschaffung aus dem Internet mit den Schülern besprechen – und vor den bekannten Stolpersteinen warnen. Zum ersten Aspekt kann er anführen:

Nutzung einer modernen, beliebten Quelle mit enorm großem Potenzial; Zeit- und Arbeitsersparnis bei der Recherche; Aktualität und Anschaulichkeit der Informationen; interaktives Medium. Als relevante Punkte einer kritischen Sicht könnte er zu bedenken geben: Die Texte stammen von Schülerinnen und Schülern. Deren Hilfsmittel bleiben oft unerwähnt. Für die Richtigkeit des Inhalts steht niemand gerade. Selbst wenn die Arbeit mit „Gut" bewertet wurde, garantiert dies noch nicht ihren eigenständigen Charakter. Der Lerneffekt des Schülers, der eine solche Arbeit einfach übernimmt, tendiert gegen null: keine eigene Leistung, keine eigenen Gedanken.

Und schließlich: Die meisten Arbeiten sind inzwischen kostenpflichtig. Die „Fundgrube Internet" sollte also immer dann genutzt werden, wenn z. B. bei Google ein Bild zu finden ist oder Fachbegriffe sowie Fremdwörter z. B. über Wikipedia kompetent geklärt werden können. Zusätzlich sollten aber bei schriftlichen Ausarbeitungen die Angebote der bekannten Verlage (z. B. als CD-ROM) genutzt bzw. Angebote im Internet wahrgenommen werden, bei denen ausgewiesene Experten (Pädagogen, Wissenschaftler) per E-Mail und gegen eine Gebühr Nachhilfe anbieten.

2. Schritt: den Text lesen und bearbeiten.

Nun geht es darum, den Text gründlich zu lesen.

- Was steht dort Abschnitt für Abschnitt inhaltlich? Notiere am Rand jeweils eine knappe Überschrift.
- Was ist (besonders) wichtig? Unterstreiche diese Stelle.
- Wo beginnt ein neuer Gedanke? Zieh dort einen senkrechten Strich.
- Was hast du zunächst nicht verstanden? Markiere diese Stellen durch eine Schlangenlinie (∼∼∼) und schreibe die Erläuterungen an den Rand.

Was du nicht verstanden hast, schlägst du im Lexikon nach. Du kannst auch im Internet recherchieren oder deine Freunde, Geschwister bzw. Eltern fragen.

So sieht der zweite Schritt am Beispiel-Text „Prüfungsvorbereitung per Internet“ aus:

Prüfungsvorbereitung per Internet

Stundenlang brüten nachmittags Schülerinnen und Schüler über den Aufgaben, die der Vorbereitung oder der Nachbereitung des Lernstoffs dienen. Ist denn kein Kraut gewachsen gegen diese von Mädchen wie von Jungen gleichermaßen abgelehnte Plackerei? | Rettung verspricht ein Medium, das ohnehin in der Gunst der Jugendlichen ganz vorn rangiert. Der PC – genauer gesagt der Drucker – spuckt nach der Prüfungsvorbereitungssuche im Netz und einigen Klicks auf das betreffende Fach sowie das verordnete Thema einen fix und fertig vorliegenden Text aus. |So weit, so gut. Nur gerät der Schüler dann in Schwierigkeiten. Der Lehrer braucht nämlich die Zeilen nur flüchtig durchzusehen und zwei oder drei Rückfragen zu stellen – schon fliegt der Schwindel auf.

So drückt sich dieser Schüler doch sonst nicht aus. So viele Fehler in der Rechtschreibung und Zeichensetzung und eine derart unpassende Ausdrucksweise sind für ihn eher untypisch („Die Rhetorik erschien, nach der Mitte des fünften Jahrhunderts, in Sizilien.“). | Der Lehrer wird das Beste daraus machen: die Vorzüge

Z. 2–6: Hausaufgaben als mühselige Nachmittagsbeschäftigung

= Mühsal; Z. 6–12: Hilfe verspricht das Internet

Z. 13–21: Mogelt der Schüler, merkt das der Lehrer. [Fremdwort, „Redekunst“]

Z. 22–39: Der Lehrer nennt Pro & Kontra.

a) HA per Internet, 4 Vorzüge:
- beliebte, informationsreiche Quelle
- Zeit- und Arbeitsersparnis (Materialsuche)
- aktuelle, anschauliche Informationen

der Informationsbeschaffung aus dem Internet mit den Schülern besprechen – und vor den bekannten Stolpersteinen warnen. Zum ersten Aspekt kann er anführen: Nutzung einer modernen, beliebten Quelle mit enorm großem Potenzial; Zeit- und Arbeitsersparnis bei der Recherche; Aktualität und Anschaulichkeit der Informationen; interaktives Medium.
Als relevante Punkte einer kritischen Sicht könnte er zu bedenken geben: Die Texte stammen von Schülerinnen und Schülern. Deren Hilfsmittel bleiben oft unerwähnt. Für die Richtigkeit des Inhalts steht niemand gerade. Selbst wenn die Arbeit mit „Gut“ bewertet wurde, garantiert dies noch nicht ihren eigenständigen Charakter. Der Lerneffekt des Schülers, der eine solche Arbeit einfach übernimmt, tendiert gegen null: keine eigene Leistung, keine eigenen Gedanken. Und schließlich: Die meisten Arbeiten sind inzwischen kostenpflichtig. |
Die „Fundgrube Internet“ sollte also immer dann genutzt werden, wenn z. B. bei Google ein Bild zu finden ist oder Fachbegriffe sowie Fremdwörter z. B. über Wikipedia kompetent geklärt werden können. | Zusätzlich sollten aber bei schriftlichen Ausarbeitungen die Angebote der bekannten Verlage (z. B. als CD-ROM) genutzt bzw. Angebote im Internet wahrgenommen werden, bei denen ausgewiesene Experten (Pädagogen, Wissenschaftler) per E-Mail und gegen eine Gebühr Nachhilfe anbieten.

- „interaktiv“: Austausch mit anderen möglich, z. B. per E-Mail oder Chat

b) HA per Internet,
7 Stolpersteine:
- von Schülerinnen und Schülern erstellt
- Hilfsmittel häufig nicht angegeben
- Richtigkeit nicht gewährleistet
- möglicherweise abgeschrieben
- kein Lernfortschritt für den Schüler
- kein eigenes Nachdenken, keine eigenständigen Formulierungen
- die meisten Beiträge sind kostenpflichtig

Also: „Vorsicht Fundgrube“! Keine fertigen Arbeiten aus dem Netz kopieren!
Z. 40–43: Das Internet sinnvoll einbeziehen
Z. 43–49: Zusammenfassender Vorschlag
Also: das Internet sinnvoll nutzen, z. B. Google (Bilder) oder Wikipedia (Fach- und Fremdwörter); zusätzlich aber heranziehen: Lernmittel aus bekannten Verlagen (z. B. CD-ROM) und Betreuung durch Experten im Internet (gegen Gebühr, Austausch per E-Mail)
Erläuterungen:
Z. 27: Möglichkeiten, Fähigkeiten;
Z. 30: bedeutsame, gewichtige;
Z. 33: ist niemand verantwortlich;
Z. 37: ist gleich null

3. Schritt: die Ergebnisse zu den einzelnen Textabschnitten anschaulich zusammenstellen.

Schreibe die wichtigen Textstellen, die du durch Unterstreichung und stichwortartige Randnotizen festgelegt hast, noch einmal auf einen separaten Zettel. Du kannst auch eine Mindmap (Gedächtnislandkarte) erstellen. Nämlich so: Wähle einen schlichten Papierbogen DIN A4, ohne Linien, ohne Karos.
Schreibe das Thema des Textes in die Mitte eines DIN-A4-Blattes und

kreise es ein. Notiere dann alle wichtigen Begriffe auf Ästen und die dazugehörigen Einzelheiten auf Zweigen. Verbinde Zusammengehöriges miteinander. Füge an wichtigen Stellen noch ein kleines Bild oder ein Symbol hinzu, weil sich Bilder gut einprägen. Benutze eventuell auch verschiedene Farben. Hier ein Beispiel für eine Mindmap zum Text „Prüfungsvorbereitung per Internet“.

Prüfungsvorbereitung per Internet?

- Vorzüge
  - beliebte, informationsreiche Quelle
  - Zeit- und Arbeitsersparnis bei der Materialsuche
  - aktuelle, anschauliche Informationen
  - interaktives Medium: Austausch mit anderen
- Stolpersteine
  - von Schülerinnen/Schülern erstellt
  - Hilfsmittel häufig nicht angegeben
  - Richtigkeit nicht gewährleistet
  - möglicherweise abgeschrieben
  - kein Lernfortschritt für den Schüler/die Schülerin
  - kein eigenes Nachdenken, keine eigenständigen Formulierungen
  - die Beiträge sind kostenpflichtig

Empfehlung

- Internet
  - Suchmaschinen (Bilder)
  - Lexikonseiten (Fremd- und Fachwörter)
  - Nachhilfe durch Experten (gegen Gebühr und per E-Mail)
- bekannte Verlage
  - moderne Medien (z. B. CD-ROM)

4. Schritt: in eigenen Worten vortragen.

Trage nun als Zusammenfassung den bearbeiteten Lernstoff laut und in eigenen Worten vor. Benutze dafür die Mindmap, oder stelle ein Lernposter her, oder fertige eine Skizze an. Wichtig ist, dass du jetzt bei der Wiederholung alles in eigenen Worten formulierst. Du kannst dir diesen Lernstoff selbst aufsagen oder deinen Mitschülern, aber auch deinen Eltern vortragen. Falls du etwas unklar ausgedrückt hast, werden sie nachfragen und dir so zeigen, was du noch einmal überarbeiten musst.

Ein Lernposter zum Thema „Prüfungsvorbereitung per Internet" könnte so aussehen:

Lernposter: Prüfungsvorbereitung per Internet

„Die Prüfungsvorbereitung macht mein Drucker!"

Wenn dich die „Erledigung per Mausklick" lockt, musst du Vorzüge und Nachteile des Mediums Internet abwägen.

Vorteile	Nachteile
beliebte, informationsreiche Quelle	von Schülerinnen/ Schülern erstellt
Zeit- und Arbeitsersparnis bei der Materialsuche	Hilfsmittel häufig nicht angegeben
aktuelle, anschauliche Informationen	Richtigkeit nicht gewährleistet
interaktives Medium: Austausch mit anderen	möglicherweise abgeschrieben
	kein Lernfortschritt für den Schüler/die Schülerin
	kein eigenes Nachdenken, kein eigenständiges Formulieren
	die Beiträge sind kostenpflichtig

Die Nachteile überwiegen.

TIPP: Du solltest die **Vorzüge nutzen** und **den Stolpersteinen aus dem Weg gehen,** und zwar so:

- über Suchmaschinen Bilder heranziehen, die deinen Beitrag anschaulich machen,
- mithilfe von Lexikonseiten Fremdwörter und Fachbegriffe klären,
- für verlässliche Informationen (mit Quellenangabe!) die Angebote der bekannten Verlage wahrnehmen (z. B. eine CD-ROM erwerben).

Ergänzende Hinweise:

▶ Lernpsychologisch gesehen ist es geschickt, verschiedene Medien zu nutzen: das Internet, (Fach-)Bücher, Lehrmittel aus bekannten Verlagen (z. B. eine CD-ROM), Lexika. Diese Vielfalt garantiert eine Fülle von Aspekten und sorgt für Anschaulichkeit (Einprägsamkeit) des Lernstoffs.

▶ Der fachmännische, kritische Umgang mit neuen Medien gehört zu den Schlüsselqualifikationen im späteren Berufsleben.

Ungewöhnlich, einfach, erfolgreich: Lernen im Vorbeigehen (Locitechnik)

Dein Gedächtnis auf Pinnwand oder Lernplakat

Es gibt Informationen, die wollen einfach nicht in den Kopf. Nimm diese harten Nüsse, schreibe sie jeweils auf eine Karteikarte und hefte die Karten (maximal sieben) an die Pinnwand. Alternativ kannst du damit ein Lernplakat gestalten. Jedes Mal, wenn du daran vorbeigehst, wirfst du einen Blick auf deine Notitzen. Es reicht, wenn dir dabei nur eine Information ins Auge fällt. Nach einigen Tagen wirst du trotzdem wissen, was da alles an der Wand hängt. So lernst du im Vorbeigehen. Die Pinnwand oder das Lernplakat ist für einige Zeit dein Außen-Gedächtnis.

Mathematik

1. Binomische Formel:
   $(a + b)(a + b) = a^2 + 2ab + b^2$
2. Binomische Formel:
   $(a - b)(a - b) = a^2 - 2ab + b^2$
3. Binomische Formel:
   $(a + b)(a - b) = a^2 - b^2$

Englisch

if-Sätze Typ III (irreal):
If I had not spent all my money on the first day, I would have had some later.

Deutsch

„Substantiv" = eine Wortart
(das Blatt, der Geist)
„Subjekt" = ein Satzglied
(Wer oder was? Satzgegenstand; immer im Nominativ)

Englisch

1. Sg. I don't go there.
2. Sg. You don't go there.
3. Sg. He/She/It doesn't go there.
1. Pl. We don't go there.
2. Pl. You don't go there.
3. Pl. They don't go there.

Deutsch/Musik

* 1729 Lessing
* 1732 Haydn
* 1749 Goethe
* 1756 Mozart
* 1759 Schiller
* 1770 Hölderlin, Beethoven
* 1797 Heine, Schubert

Mathematik

Kommutativgesetz:

$a + b = b + a$

Punkt- vor Strichrechnung:

$a \cdot b + c = (ab) + c = ab + c$

Distributivgesetz:

$a(b + c) = ab + ac$

Haftzettel und Locitechnik

Du kannst die Zettelarbeit mit der Locitechnik verbinden.

1. Schritt: Schreibe neue Vokabeln mit der Übersetzung auf jeweils einen Haftzettel. Reiße die Zettel aber noch nicht vom Block.
2. Schritt: In der Wohnung gibt es Wege, die du mehrmals am Tag gehst, zum Beispiel von der Wohnungstür in das eigene Zimmer. Hefte an markante Punkte dieses Weges je einen Haftzettel in Augenhöhe. Jedes Mal, wenn du den Weg gehst, bleibt dein Auge an einigen dieser Zettel hängen. Du wirst im Vorbeigehen lernen.
3. Schritt: Du findest deinen Weg jetzt auch in Gedanken und kannst dich an die einzelnen Punkte erinnern. Wort und Ort fließen zu einem Gedächtnisbild zusammen. Dieses taucht dann zum Beispiel während der schriftlichen Prüfung vor deinem geistigen Auge wieder auf.

Bekannt und bewährt: Die Lernkartei

Eine Lernkartei hilft dir verlässlich weiter: Durch Unterteilen des Stoffes in kleine Portionen und mehrfaches Wiederholen prägen sich die Informationen gut ein. Besorge dir im Buchhandel eine Lernkartei und passende Kärtchen.

Die Lernkartei hilft dir z. B. beim Vokabel- oder Formellernen. Die zu lernenden Wörter (oder Formeln) werden auf ein Kärtchen geschrieben. Die Begriffe selbst stehen auf der Vorderseite (z. B. *to talk*), die Übersetzung (oder Erklärung) schreibst du auf die Rückseite (z. B. *reden, sprechen, plaudern*). Hier ein weiteres Beispiel:

Vorderseite	*Rückseite*
to become	= werden It's becoming a problem. (Es wird langsam zum Problem.) He wants to become a footballer. (Er will Fußballspieler werden.)

Gelernt wird dann nach dem folgenden Verfahren:

- Lerne immer fünf Vokabeln (Formeln, Daten usw.) auf einmal.
- Lies das Wort, die Formeln oder die Wendung.
- Schreibe die Übersetzung (oder die Erklärung usw.) auf ein Blatt.
- Drehe die Karteikarte um und überprüfe deine Lösung.
- Lege bei richtiger Antwort die Karte nach rechts (Stapel „gekonnte“).
- Lege bei falscher Antwort das Kärtchen nach links (Stapel „nicht gekonnte“), und bearbeite es im nächsten Durchgang erneut.
- Wiederhole nun die nicht gekonnten Karten so lange, bis alle auf dem rechten Stapel liegen.

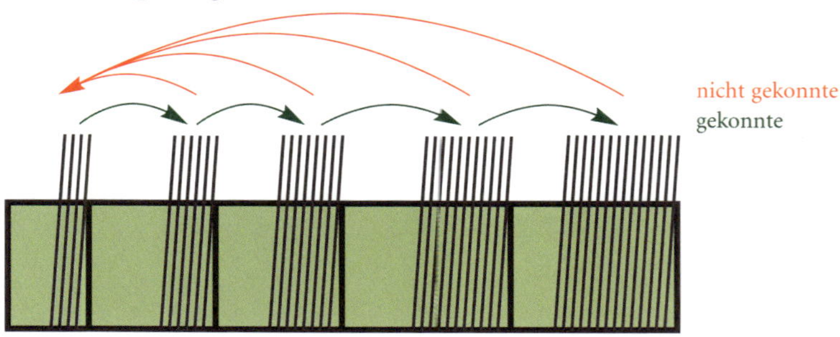

Dieses Lernverfahren eignet sich für unterschiedliche Stoffgebiete. Vorn steht immer das Stichwort (die Frage), hinten folgt die Erläuterung (Antwort).

Falls du dir den Lernstoff besser einprägen kannst, wenn du die Informationen auch hörst, solltest du zum Aufnahmegerät (PC, MP3-Player, Kassettenrekorder o. Ä.) greifen, Fragen und Antworten aufsprechen und diese dann wiederholt anhören. Wendest du parallel beide Methoden an (Lernkartei, Aufnahmegerät), erhöhst du den Lerneffekt.

Die Aufregung in den Griff bekommen: Von Sportlern lernen

Herzklopfen, Magendrücken, Nervosität: All das sind Anzeichen für Anspannungsstress und Aufregung, die oft dazu führen, dass man sich nur noch an wenig erinnert. Die Aufregung führt zu Denkblockaden. Deshalb ist es wichtig, die Nervosität in den Griff zu bekommen.
Viele Sportler haben mittlerweile gelernt, wie sie ihre Aufregung besser kontrollieren und so ihr Leistungsvermögen voll abrufen können. Von diesen Sportlern kannst du lernen. Hier zwei ihrer Methoden:

1. Entspannungsatmung

Atme normal ein, aber bewusst und sehr langsam wieder aus. Mache dies zwei- bis dreimal täglich etwa eine Minute lang. Bei Stress, zum Beispiel während einer schriftlichen Prüfung, kannst du drei- bis fünfmal auf diese Weise durchatmen.

2. Kraft tanken

Nimm eine bequeme Körperhaltung ein, schließe die Augen, atme tief und ruhig ein und spüre die eintretende Entspannung.
Balle eine Hand leicht zur Faust. Gehe in Gedanken an einen Ort, wo du dich sicher und geborgen fühlst, z. B. an deinen Lieblingsort oder in dein eigenes Zimmer. Nimm die Atmosphäre dieses Ortes tief in dich auf und tanke so Kraft.
Löse die Faust wieder und lockere die Hand. Lass die Szene, die du dir vorgestellt hast, wieder in den Hintergrund treten, öffne die Augen und behalte von jetzt an diesen Ort wie eine innere Festung in dir.
Trainiere dies zwei- bis dreimal etwa zwei Minuten lang.
Wann immer nun Anspannung auftritt, z. B. in einer Vorbereitungsphase

oder während einer schriftlichen Arbeit, ballst du (unter dem Tisch) die Hand zur Faust, gehst in Gedanken an diesen Ort, tankst Kraft nach und kehrst nach einem kurzen Moment wieder in die Realität zurück.

Nun einige Tipps für die schriftliche Prüfung

Verschaffe dir als Erstes einen Überblick über alle Aufgaben. Fange nicht sofort mit dem Schreiben an! In Mathematik-Arbeiten zum Beispiel sind die Aufgaben zwar meistens schon nach dem Schwierigkeitsgrad sortiert, aber vielleicht liegt dir eine bestimmte Aufgabe besonders gut. Dann macht es Sinn, diese zuerst zu lösen. Es ist besser, möglichst viel in einer selbst gewählten Reihenfolge zu schaffen, als sich unbedingt an die Vorgabe zu halten und sich dann an einem Punkt festzubeißen.
Erledige also zuerst das, was du besonders gut kannst. Dann ist es erstens schon geschafft, und zweitens ermutigt es dich, wenn du auf das schauen kannst, was du schon ordentlich erledigt hast.
Behalte die Uhr im Auge, damit du nicht an einer Aufgabe zu lange arbeitest. Lass dich nicht nervös machen, wenn Klassenkameraden früher abgeben. Du weißt ja nicht, ob sie auch alle Aufgaben gelöst oder aber das Handtuch geworfen haben.
Erledige lieber zum Beispiel acht von zehn Aufgaben vollständig und lasse zwei beiseite, als alle zehn Aufgaben anzufangen und nur vier davon ordentlich abzuschließen.

So meisterst du die mündliche Prüfung

Falls du auch mündlich geprüft wirst, erhältst du eine Vorbereitungszeit (meist 10 Minuten). Während der Vorbereitungszeit kannst du Aufzeichnungen (Notizen) anfertigen.
Die Prüfung dauert 15 Minuten und stellt ein Gespräch dar, das du mit der Fachlehrerin oder dem Fachlehrer führst. Deine Ergebnisse musst du selbstständig vortragen.
Die Vorbereitungszeit ist mit 10 Minuten sehr knapp bemessen. Also solltest du schon beim Lesen des vorgelegten Textes einen Stift zur Hand haben, wichtige Stellen unterstreichen und Randnotizen machen. Betrachte noch einmal das „Prüfungsvorbereitungs"-Beispiel im Abschnitt „So arbeitest du effektiv", 1. Schritt und 2. Schritt. Während der Vorbereitung kannst du also Aufzeichnungen (Notizen) anfertigen. Hier bietet sich eine Auswertung des Textes in der Form einer Mindmap an (vgl. den eben

zitierten Abschnitt, 3. Schritt). Du hast dann auf einen Blick das Gesamtergebnis vor Augen: „Holt man sich Komplettlösungen der Prüfungsvorbereitung aus dem Internet, sind zwar vier attraktive Seiten dieses Mediums im Spiel, man bekommt es aber andererseits auch mit sieben Stolpersteinen zu tun. Die Empfehlung des Autors zeigt einen Ausweg aus diesem Dilemma." Und außerdem lassen sich der Grafik rasch und gezielt (!) die wichtigen Unterpunkte entnehmen: „Als Vorzüge sind vier Aspekte zu nennen: ..." – „Diesen positiven Zügen stehen aber sieben (!) ‚Stolpersteine' entgegen: ..." – „Die Empfehlung des Autors strebt einen Ausgleich an: ..."

Eine solche Mindmap ist auch ein geeignetes Hilfsmittel, im Prüfungsgespräch deine Überlegungen (Ergebnisse) selbstständig vorzutragen.

Zur Abrundung einige Tipps und Hinweise für die mündliche Prüfung

- Sprich in einer mündlichen Prüfungssituation selbst viel; formuliere dabei in ganzen Sätzen und in eigenen Worten. Je aktiver du selbst bist, desto schneller vergeht die Zeit.
- Halte Blickkontakt mit der Lehrerin/dem Lehrer.
- Höre gut zu, wenn sie oder er etwas fragt.
- Frage deinerseits nach, wenn etwas unklar ist.
- Grübele nicht schon über eine Antwort nach, während der Lehrer noch spricht.
- Solltest du mit einer Frage nicht zurechtkommen, bitte die Prüferin/den Prüfer, diesen Punkt noch einmal neu zu formulieren.
- Atme bewusst zwei- oder dreimal gleichmäßig und tief ein und langsam wieder aus. So dämpfst du Aufregung und Anspannung.
- Besprecht innerhalb der Klasse vorher mit euren Lehrern, wie ihr mit Schwierigkeiten in einer mündlichen Prüfung umgehen solltet.
- Vielleicht könnt ihr im Klassenraum einmal eine Prüfungssituation durchspielen.

Wir wünschen dir viel Erfolg in der Prüfung!

Walter Kowalczyk und Klaus Ottich

Die Menge der reellen Zahlen

1 Quadratwurzeln

Beispiel: 25 ist das Quadrat von 5. Wie kommt man von 25 zurück auf 5? Man sagt: 5 ist die Quadratwurzel (oder einfach Wurzel) von 25 und schreibt $\sqrt{25} = 5$.

Allgemein:

MERKE Für nichtnegative Zahlen a gilt: Die Quadratwurzel oder einfach Wurzel aus a ist diejenige nichtnegative Zahl, deren Quadrat a ergibt. Man schreibt dafür $\sqrt{a}$.
$(\sqrt{a})^2 = a$

„Nichtnegativ" heißt: positiv oder 0. Die obige Definition schließt ein: $\sqrt{0} = 0$.
Die Zahl a unter der Wurzel nennt man **Radikand**. Das Berechnen der Quadratwurzel heißt **Wurzelziehen** oder **Radizieren**.

Beispiele: $\sqrt{1} = 1$; $\sqrt{4} = 2$; $\sqrt{9} = 3$; $\sqrt{16} = 4$; $\sqrt{\frac{1}{4}} = \frac{1}{2}$;
$\sqrt{0{,}36} = \sqrt{\frac{36}{100}} = \sqrt{\left(\frac{6}{10}\right)^2} = \frac{6}{10} = 0{,}6$;
aber $\sqrt{-4}$ ist nicht definiert.

Nicht jeder Wurzelterm ist eine rationale Zahl. Da es z. B. keine rationale Zahl gibt, deren Quadrat 2 ist, ist $\sqrt{2}$ keine rationale Zahl.
Ist der Radikand das Quadrat einer rationalen Zahl, so kann die Wurzel gezogen werden.
Beispiele: $\sqrt{5^2} = \sqrt{25} = 5$; $\sqrt{(-5)^2} = \sqrt{25} = 5$

Bei einer positiven Zahl ist die Wurzel aus dem Quadrat der Zahl gleich der ursprünglichen Zahl. Das Radizieren ist die Umkehrung des Quadrierens.

Bei einer negativen Zahl ist die Wurzel aus dem Quadrat der Zahl gleich dem Betrag der ursprünglichen Zahl.
Allgemein:

MERKE Für beliebige rationale Zahlen a gilt: $\sqrt{a^2} = |a|$.

Wir betrachten nun Gleichungen der Form $x^2 = a$:
Fall 1: $a < 0$: In der Grundmenge $\mathbb{Q}$ gibt es keine Lösung $L = \{\ \}$.
Fall 2: $a = 0$: $L = \{0\}$.
Fall 3: a ist positiv und Quadrat einer rationalen Zahl. $L = \{-\sqrt{a}\,; \sqrt{a}\,\}$.
Fall 4: a ist positiv und Quadrat einer rationalen Zahl. In der Grundmenge $\mathbb{Q}$ gibt es keine Lösung: $L = \{\ \}$. Um Lösungen zu erhalten, muss man den Zahlenbereich erweitern.

Beispiele:

$x^2 = -5 \Rightarrow L = \{\ \}$
$x^2 = 0 \Rightarrow L = \{0\}$
$x^2 = 100 \Rightarrow L = \{-10; 10\}$
$x^2 = 2 \Rightarrow$ Keine rationale Zahl ist Lösung.

2 Die Menge der reellen Zahlen

Wir erweitern nun den Zahlenbereich so, dass auch die Gleichung $x^2 = 2$ Lösungen hat, die wir mit $-\sqrt{2}$ und $\sqrt{2}$ bezeichnen. $\sqrt{2}$ ist keine rationale Zahl, man kann jedoch eine Strecke der Länge $\sqrt{2}$ konstruieren und damit $\sqrt{2}$ auf der Zahlengeraden darstellen. Man zeichnet ein Quadrat mit dem Flächeninhalt 2. Das geht leicht, wenn man mit den Diagonalen beginnt und jeder Diagonalen die Länge 2 gibt.
Von den vier Teildreiecken hat dann jedes den Flächeninhalt $\frac{1}{2}$, also ist der Flächeninhalt des Quadrates gleich 2.

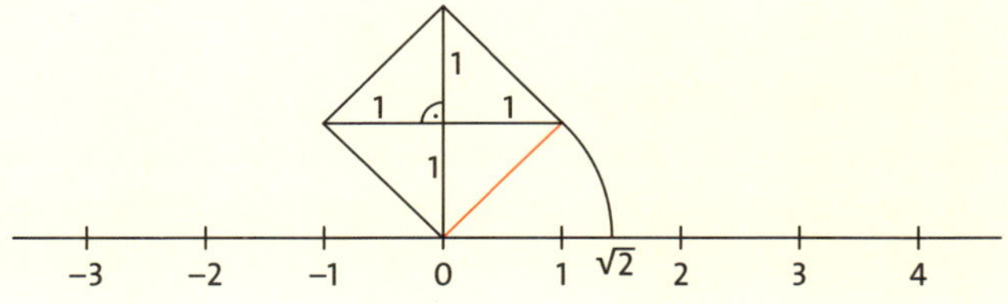

Die Seitenlänge des Quadrates beträgt dann $\sqrt{2}$. Mit einem Zirkel kann man diese Länge auf die Zahlengerade übertragen. Damit erhält man den genauen Platz der – nicht rationalen – Zahl $\sqrt{2}$ auf der Zahlengeraden. Statt „nicht rational“ sagt man auch „irrational“.
Auch $\sqrt{3}$; $\sqrt{5}$; $\sqrt{7}$ sind irrationale Zahlen. Vielleicht kennst du die Zahl $\pi = 3{,}141\,59\ldots$ (sprich: pi) aus der Kreisberechnung. Auch sie ist eine irrationale Zahl.

MERKE **Rationale Zahlen und irrationale Zahlen fasst man in der Menge der reellen Zahlen $\mathbb{R}$ zusammen.**

Jeder reellen Zahl ist ein Punkt auf der Zahlengeraden zugeordnet und umgekehrt.

Beispiel:

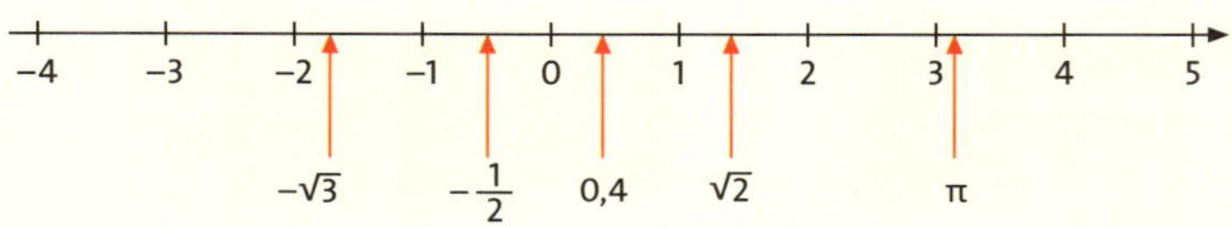

Man kann irrationale Zahlen durch eine „Intervallschachtelung“ darstellen.

Beispiel:

$1 < \sqrt{2} < 2;$ denn $1 < 2 < 4$
$1{,}4 < \sqrt{2} < 1{,}5;$ denn $1{,}96 < 2 < 2{,}25$
$1{,}41 < \sqrt{2} < 1{,}42;$ denn $1{,}9881 < 2 < 2{,}0164$
…

Irrationale Zahlen sind unendliche nichtperiodische Dezimalbrüche.
Mit dem Taschenrechner erhält man einen Näherungswert, z. B. $\sqrt{2} \approx 1{,}414\,213\,562$.

3 Rechnen mit Quadratwurzeln

Die Rechengesetze für rationale Zahlen (Assoziativgesetz, Kommutativgesetz, Distributivgesetz) gelten ohne Ausnahmen auch für reelle Zahlen. Durch Addition, Multiplikation und Division (Letztere ohne null im Divisor) von reellen Zahlen erhält man wieder reelle Zahlen.

Beispiele:

a) $2\sqrt{3} \cdot 3 = 2 \cdot 3 \cdot \sqrt{3} = 6\sqrt{3}$

b) $(\sqrt{3} + 1) \cdot \sqrt{3} = (\sqrt{3})^2 + \sqrt{3} = 3 + \sqrt{3}$

$6\sqrt{3}$ und $3 + \sqrt{3}$ sind reelle Zahlen.

MERKE $\sqrt{a} \cdot \sqrt{b} = \sqrt{a \cdot b}$ für $a, b \in \mathbb{Q}_0^+$

$\frac{\sqrt{a}}{\sqrt{b}} = \sqrt{\frac{a}{b}}$ für $a \in \mathbb{Q}_0^+, b \in \mathbb{Q}^+$

Gleiche Wurzeln und Vielfache von Wurzeln kann man zusammenfassen.

Beispiel: $3\sqrt{2} + 5\sqrt{2} + \sqrt{3} = (3 + 5)\sqrt{2} + \sqrt{3} = 8\sqrt{2} + \sqrt{3}$

4 Teilweises Radizieren und Rationalmachen des Nenners

Manche Quadratwurzeln kann man vereinfachen, indem man den Radikanden in Faktoren zerlegt, sodass mindestens ein Faktor ein Quadrat ist.

Beispiel: $\sqrt{50} = \sqrt{25 \cdot 2} = \sqrt{25} \cdot \sqrt{2} = 5\sqrt{2}$

Ist $\frac{1}{\sqrt{3}}$ eine reelle Zahl? Ja, denn wir haben schon festgestellt, dass der Quotient aus reellen Zahlen (Ausnahme: Nenner gleich null) wieder eine reelle Zahl ergibt. Allerdings ist $\frac{1}{\sqrt{3}}$ nicht die endgültige Form dieser Zahl. Man formt durch Erweitern so um, dass keine Wurzel mehr im Nenner steht. Dies nennt man Rationalmachen des Nenners.

Also: $\frac{1}{\sqrt{3}} = \frac{1 \cdot \sqrt{3}}{\sqrt{3} \cdot \sqrt{3}} = \frac{\sqrt{3}}{3}$ (oder $\frac{1}{3}\sqrt{3}$).

Steht eine Wurzel allein oder als Faktor im Nenner, erweitert man mit dieser Wurzel.

Steht im Nenner eine Summe/Differenz mit einer Wurzel, so muss man mit einer Differenz/Summe erweitern, sodass man die 3. binomische Formel $[(a - b)(a + b) = a^2 - b^2]$ anwenden kann.

Beispiel:

$$\frac{1}{1 + \sqrt{2}} = \frac{1 - \sqrt{2}}{(1 + \sqrt{2})(1 - \sqrt{2})} = \frac{1 - \sqrt{2}}{1^2 - (\sqrt{2})^2} = \frac{1 - \sqrt{2}}{-1} = \sqrt{2} - 1$$

Quadratische Gleichungen

1 Allgemeine Form und Normalform

Einfache quadratische Gleichungen der Form $x^2 = a$ haben wir schon im vorhergehenden Kapitel behandelt. Die höchste vorkommende Potenz von x ist bei einer quadratischen Gleichung x^2. Es kann jedoch auch ein Glied mit x vorkommen, zum

Beispiel: $3x^2 + 4x + 5 = 0$.

MERKE $ax^2 + bx + c = 0$ mit $a \neq 0$ heißt **allgemeine Form** einer quadratischen Gleichung.

Wenn nichts anderes vereinbart wird, lösen wir quadratische Gleichungen in der Grundmenge $\mathbb{R}$ (Menge der reellen Zahlen).
Dividiert man obige Gleichung durch a, so erhält man die **Normalform** einer quadratischen Gleichung.

Allgemeine Form: $ax^2 + bx + c = 0$ mit $a \neq 0$	Normalform: $x^2 + px + q = 0$
Lösungsformel: $x_{1/2} = \frac{-b \pm \sqrt{b^2 - 4ac}}{2a}$	Lösungsformel: $x_{1/2} = -\frac{p}{2} \pm \sqrt{\frac{p^2}{4} - q}$
x_1 mit „+“; x_2 mit „–“	x_1 mit „+“; x_2 mit „–“
Diskriminante $D = b^2 - 4ac$	Diskriminante $D = \frac{p^2}{4} - q$

Falls $D > 0$: Zwei Lösungen x_1 und x_2 wie oben.

Falls $D = 0$: Eine Lösung $x = -\frac{b}{2a}$ bzw. $x = -\frac{p}{2}$.

Falls $D < 0$: Keine Lösung, denn eine Wurzel aus einer negativen Zahl ist nicht definiert.

Beispiel:

$3x^2 + 9x - 6 = 0$

$a = 3; b = 9; c = -6$

$D = 9^2 - 4 \cdot 3 \cdot (-6) = 153 > 0$

$\Rightarrow$ 2 Lösungen

$$x_{1/2} = \frac{-9 \pm \sqrt{153}}{2 \cdot 3}$$

$$x_{1/2} = \frac{-9 \pm 3 \cdot \sqrt{17}}{2 \cdot 3}$$

$$x_1 = \frac{-3 + \sqrt{17}}{2} \approx 0{,}56$$

$$x_2 = \frac{-3 - \sqrt{17}}{2} \approx -3{,}56$$

$$L = \{\frac{-3 - \sqrt{17}}{2}; \frac{-3 + \sqrt{17}}{2}\}$$

Beispiel:

$x^2 + 3x - 2 = 0$

$p = 3; q = -2$

$\mathrm{D} = \frac{3^2}{4} - (-2) = \frac{17}{4} > 0$

$\Rightarrow$ 2 Lösungen

$$x_{1/2} = -\frac{3}{2} \pm \sqrt{\frac{17}{4}}$$

$$x_{1/2} = -\frac{3}{2} \pm \frac{1}{2}\sqrt{17}$$

$$x_1 = -\frac{3}{2} + \frac{1}{2}\sqrt{17} \approx 0{,}56$$

$$x_2 = -\frac{3}{2} - \frac{1}{2}\sqrt{17} \approx -3{,}56$$

$$L = \{-\frac{3}{2} - \frac{1}{2}\sqrt{17}; -\frac{3}{2} + \frac{1}{2}\sqrt{17}\}$$

Ob du eine quadratische Gleichung mit der *abc*-Formel löst oder zunächst in die Normalform bringst, um sie mit der *pq*-Formel zu lösen, kannst du selbst entscheiden. Natürlich kannst du auch eine Gleichung in der Normalform mit der *abc*-Formel lösen (mit $a = 1$).

2 Sonderfälle

Wenn in der quadratischen Gleichung $ax^2 + bx + c = 0$ entweder $b = 0$ oder $c = 0$ ist, kann man die Gleichung auch ohne Lösungsformel lösen.

Fall 1: $b = 0$

$$ax^2 + c = 0 \quad | \text{ nach } x^2 \text{ auflösen}$$
$$x^2 = -\frac{c}{a}$$
$$x_1 = \sqrt{-\frac{c}{a}}\,;\ x_2 = \sqrt{-\frac{c}{a}}$$

Wenn der Radikand positiv ist, gibt es die beiden Lösungen x_1 und x_2.
Wenn der Radikand null ist, gibt es eine Lösung: $x = 0$.
Wenn der Radikand negativ ist, gibt es keine Lösung.

Beispiel:

$$2x^2 - 8 = 0$$
$$x^2 = 4$$
$$x_1 = \sqrt{4} = 2 \text{ und } x_2 = -\sqrt{4} = -2$$
$$L = \{-2; 2\}$$

Fall 2: $c = 0$

$$ax^2 + bx = 0 \quad | \ x \text{ ausklammern}$$
$$x(ax + b) = 0$$
$$x = 0 \text{ oder } \quad ax + b = 0$$
$$ax = -b$$
$$x = -\frac{b}{a}$$

$$\text{also: } x_1 = 0;\ x_2 = -\frac{b}{a}$$
$$L = \{0; -\frac{b}{a}\}$$

Beispiel:

$$x^2 + 3x = 0$$
$$x(x + 3) = 0$$
$$x = 0 \text{ oder } \quad x + 3 = 0$$
$$x = -3$$
$$\text{also: } x_1 = 0;\ x_2 = -3$$
$$L = \{-3; 0\}$$

3 Der Satz von VIETA

MERKE Hat eine quadratische Gleichung in der Normalform ($x^2 + px + q = 0$) zwei Lösungen x_1 und x_2, dann gilt:
(1) $x_1 + x_2 = -p$
(2) $x_1 \cdot x_2 = q$

Diese Beziehungen sind unter dem Satz von VIETA bekannt. Man kann damit Lösungen von quadratischen Gleichungen auf ihre Richtigkeit überprüfen oder die Lösung einer quadratischen Gleichung durch Probieren finden.

Beispiel:

$x^2 - 5x + 6 = 0$
$x_1 \cdot x_2 = q = 6$
$x_1 + x_2 = -p = 5$
Wir probieren, ob man 6 in ein Produkt zweier Zahlen zerlegen kann, deren Summe 5 ist.
$6 = 1 \cdot 6$ (nein) $= 2 \cdot 3$ (ja). Also: $L = \{2; 3\}$.

4 Zerlegung eines quadratischen Terms in Linearfaktoren

Sind x_1 und x_2 die Lösungen der quadratischen Gleichung $ax^2 + bx + c = 0$, dann lässt sich der quadratische Term $ax^2 + bx + c$ in Linearfaktoren zerlegen: $ax^2 + bx + c = a \cdot (x - x_1)(x - x_2)$.
Wenn die quadratische Gleichung keine Lösung hat, dann lässt sich der quadratische Term nicht in Linearfaktoren zerlegen.

Beispiel:

$x^2 - 8x + 12 = (x - ?)(x - ?)$
Die Gleichung $x^2 - 8x + 12 = 0$ hat, wie man mit VIETA oder mit der Lösungsformel leicht findet, die Lösungen $x_1 = 6$; $x_2 = 2$. Also gilt:
$x^2 - 8x + 12 = (x - 6)(x - 2)$.

5 Wurzelgleichungen

Eine Wurzelgleichung liegt vor, wenn die Unbekannte unter dem Wurzelziehen vorkommt, zum

Beispiel: $\sqrt{x+1} - 4 = 0$.

Schritte zur Lösung einer Wurzelgleichung:

1 Falls möglich, isoliere die Wurzel auf einer Seite.
2 Quadriere die Gleichung.
3 Kommen mehrere Wurzeln vor, musst du eventuell mehrmals quadrieren, um sämtliche Wurzeln zu beseitigen.
4 Löse die wurzelfreie Gleichung.
5 Mache die Probe.

Führt man konsequent die Probe durch, kann man auf die (manchmal schwierige) Bestimmung der Definitionsmenge verzichten.

Beispiel:

$$\sqrt{x+1} - 4 = 0$$
$$\sqrt{x+1} = 4$$
$$(\sqrt{x+1})^2 = 4^2$$
$$x + 1 = 16$$
$$x = 15$$

Probe: Linke Seite: $\sqrt{15+1} - 4 = 4 - 4 = 0$

Rechte Seite: 0

Also ist $x = 15$ eine gültige Lösung: $L = \{15\}$.

Quadratische Funktionen

1 Wiederholung – Funktionsbegriff

Den Begriff „Funktion" hast du im Lernbereich „Lineare Funktion" erstmals kennengelernt. Die folgenden Begriffe benötigen wir auch bei den quadratischen Funktionen.

MERKE Eindeutige Zuordnungen heißen **Funktionen**.
Definitionsbereich nennt man die Ausgangsmenge der jeweiligen Zuordnung. Die Elemente dieser Menge heißen **Argumente**. Für sie wird häufig die Variable x als Symbol benutzt.
Wertebereich nennt man die Menge, auf die die Zuordnung erfolgt. Die Elemente dieser Menge heißen **Funktionswerte**. Für sie wird meistens die Variable y verwendet.

Funktionen lassen sich durch verschiedene Möglichkeiten darstellen:

1 durch Gleichungen (solche kennst du bereits für lineare Funktionen, z. B. $y = 3x + 5$ oder $y = 7{,}8x - 1$),
2 als grafische Darstellung in einem Koordinatensystem,
3 als Menge geordneter Wertepaare in einer Wertetabelle.

Für die Beschreibung des Graphen einer Funktion verwendet man u. a. den Begriff Monotonie. Darunter versteht man einen bestimmten Verlauf des Graphen im Koordinatensystem. Liegt dir das Bild (der Graph) einer Funktion vor, dann kannst du deren Monotonieverhalten ganz leicht erkennen. Du betrachtest den Graphen von links nach rechts und entscheidest, ob der Graph steigt (nach oben geht) oder fällt (nach unten geht).

Beispiele:

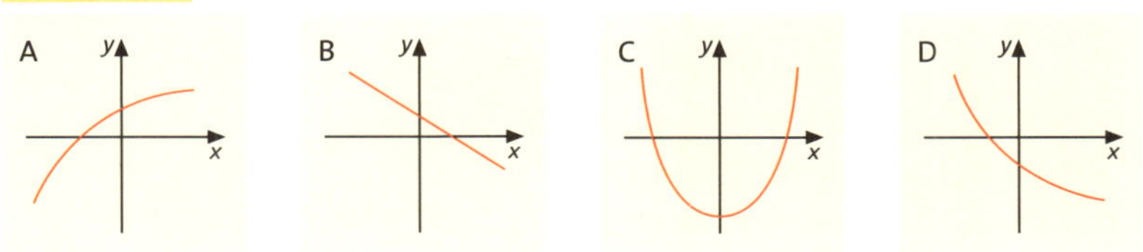

Bild A zeigt eine steigende, Bild B und D jeweils eine fallende Funktion. Die Funktion im Bild C ist nicht im ganzen Definitionsbereich monoton, jedoch fallend für $x \leqq 0$ und steigend für $x \geqq 0$.

Die Schnittpunkte der Graphen von Funktionen mit den Koordinatenachsen haben eine besondere Bedeutung. Eine Koordinate von diesen Punkten ist jeweils null, deshalb lassen sich diese Schnittpunkte meist leicht angeben.
Nullstelle einer Funktion f heißt jedes Argument (jeder x-Wert) aus dem Definitionsbereich, dessen zugehöriger Funktionswert gleich null ist. Man schreibt: $y = f(x_0) = 0$; x_0 ist Nullstelle.
Die Nullstelle liest man dort ab, wo der Graph der Funktion die x-Achse schneidet. Der Schnittpunkt mit der y-Achse ist $(0; f(0))$.

2 Die Funktion $y = x^2$

Wir betrachten die quadratische Funktion $y = f(x) = x^2$. Diese Funktion stellen wir im Koordinatensystem grafisch dar.

x	−3	−2	−1,5	−1	−0,5	0	0,5	1	1,5	2	3
$y = x^2$	9	4	2,25	1	0,25	0	0,25	1	2,25	4	9

Eigenschaften der Funktion $y = x^2$

▸ Für die Argumente x kannst du alle reellen Zahlen einsetzen. Deshalb kann der Definitionsbereich aus der Menge der reellen Zahlen oder einer Teilmenge davon bestehen.

▸ Es gibt keine negativen Funktionswerte, weil das Quadrat einer Zahl immer größer oder gleich null ist. Deshalb liegt die Kurve oberhalb der x-Achse. Der Wertebereich ist die Menge der nicht negativen reellen Zahlen (oder eine Teilmenge davon).

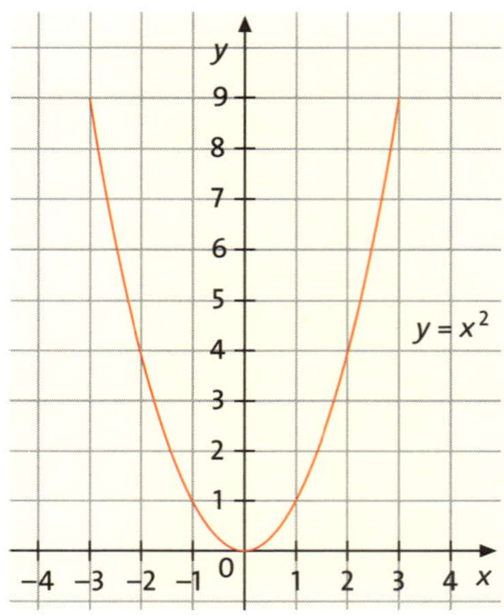

- Für $x \leqq 0$ (links von der y-Achse) verläuft die Funktion **monoton fallend.**
- Für $x \geqq 0$ (rechts von der y-Achse) verläuft die Funktion **monoton steigend**.
- Die Punkte, die zur Funktion gehören, liegen nicht auf einer Geraden. Man nennt diesen Graphen der quadratischen Funktion **Normalparabel.**
- Die Parabel berührt die x-Achse bei $x = 0$. Deshalb hat die Funktion **eine Nullstelle**, sie heißt $x_0 = 0$.
- Von besonderer Bedeutung ist der tiefste Punkt der Parabel. Er heißt **Scheitelpunkt** S. Er hat die Koordinaten $S(0; 0)$.
- Mit der Längeneinheit 1 cm kannst du eine solche Normalparabel mit der Parabelschablone zeichnen.

3 Die allgemeine quadratische Funktion

Für die Gleichung einer quadratischen Funktion gibt es zwei gleichberechtigte Formen:

Allgemeine Form	Scheitelpunktform[1]
$y = ax^2 + bx + c$	$y = a(x + d)^2 + e$
Scheitelpunkt: $S(-\frac{b}{2a}; c - \frac{b^2}{4a})$	Scheitelpunkt: $S(-d; e)$
Umwandlung in die Scheitelpunktform: a) quadratische Ergänzung oder b) Verwendung der Scheitelpunktformel	Umwandlung in die allgemeine Form: Ausmultiplizieren und zusammenfassen

Graph:
Parabel mit Scheitelpunkt S
$a > 0$: Die Parabel ist nach oben geöffnet.
$a < 0$: Die Parabel ist nach unten geöffnet.
$|a| > 1$: Die Parabel verläuft steiler als die Normalparabel.
$|a| = 1$: Die Parabel ist kongruent zur Normalparabel.
$|a| < 1$: Die Parabel verläuft flacher als die Normalparabel.

---

[1] Manchmal auch so: $y = a(x - x_S)^2 + y_S$ mit $S(x_S; y_S)$.

Beispiel:

Wir wollen die Gleichung $y = -\frac{1}{2}x^2 + x + \frac{9}{2}$ zunächst durch quadratische Ergänzung in die Scheitelpunktform umwandeln. Dazu klammern wir den Faktor a (hier: $-\frac{1}{2}$) aus den ersten Gliedern aus und führen die quadratische Ergänzung innerhalb der Klammer aus:

$y = -\frac{1}{2}(x^2 - 2x) + \frac{9}{2}$

$y = -\frac{1}{2}(x^2 - 2x + 1^2 - 1^2) + \frac{9}{2}$

$y = -\frac{1}{2}[(x-1)^2 - 1] + \frac{9}{2}$

$y = -\frac{1}{2}(x-1)^2 + \frac{1}{2} + \frac{9}{2}$

$y = -\frac{1}{2}(x-1)^2 + 5$

Durch einen Vergleich mit der allgemeinen Scheitelpunktform $y = a(x + d)^2$ erhält man:

$a = -\frac{1}{2};\ d = -1;\ e = 5 \Rightarrow S(-d; e) = S(1; 5).$

Den Scheitelpunkt S hätten wir auch mit der Scheitelpunktformel erhalten können:

$$\left.\begin{array}{l} x = -\frac{b}{2a} = -\frac{1}{-1} = 1 \\ y = c - \frac{b^2}{4a} = \frac{9}{2} - \frac{1}{-2} = 5 \end{array}\right\} S(1; 5)$$

Zur Probe wandeln wir die Scheitelpunktform in die allgemeine Form zurück:

$y = -\frac{1}{2}(x-1)^2 + 5$

$= -\frac{1}{2}(x^2 - 2x + 1) + 5$

$= -\frac{1}{2}x^2 + x - \frac{1}{2} + 5$

$= -\frac{1}{2}x^2 + x + \frac{9}{2}$

x	-3	-2	-1	0	1	2	3	4	5
$y = -\frac{1}{2}(x-1)^2 + 5$	-3	0,5	3	4,5	5	4,5	3	0,5	-3

Die Parabel ist wegen $a < 0$ nach unten geöffnet und wegen $|a| < 1$ flacher als die Normalparabel.

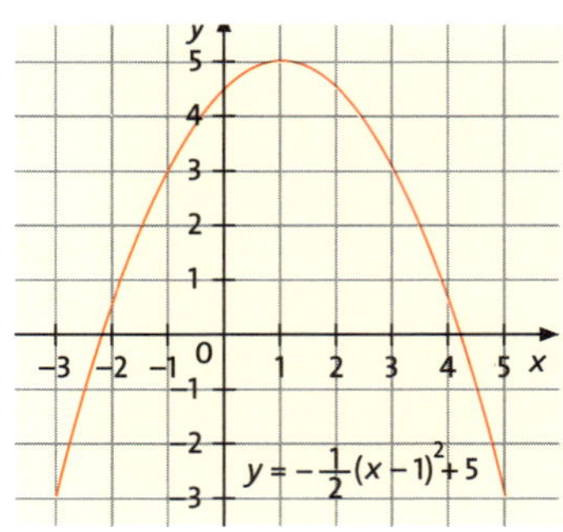

4 Nullstellen einer quadratischen Funktion

Nullstellen einer Funktion sind dort, wo der Graph die x-Achse schneidet oder berührt. Es sind Punkte, deren y-Koordinate null ist. Bei einer quadratischen Funktion gibt es drei Möglichkeiten:

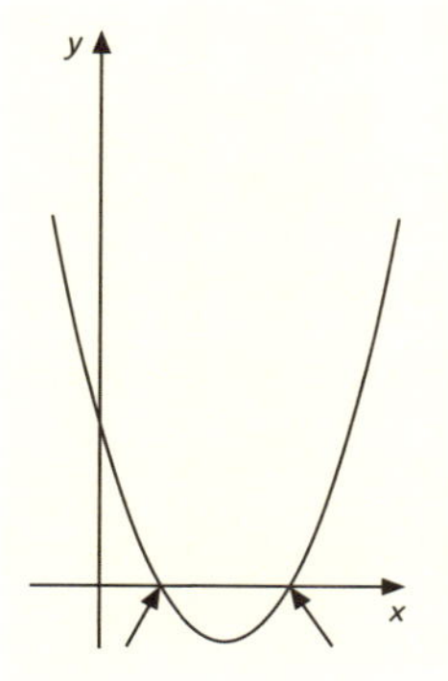

zwei Nullstellen

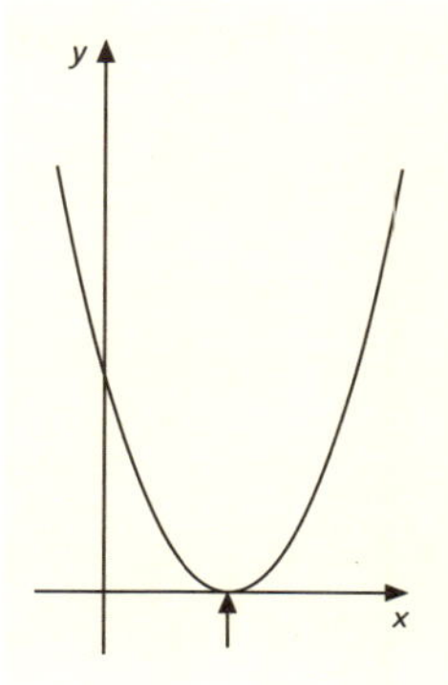

eine Nullstelle

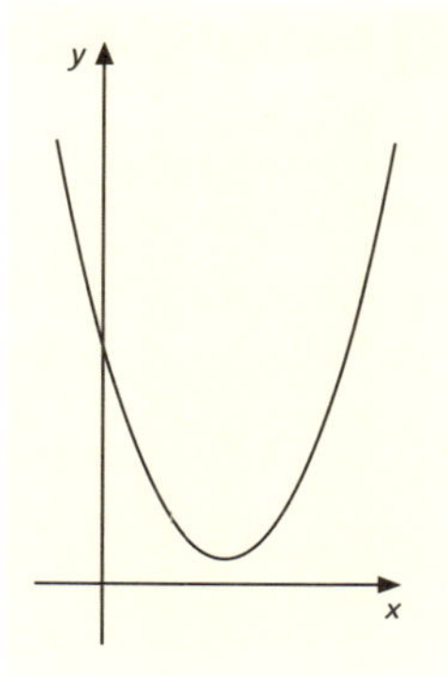

keine Nullstelle

Wir berechnen die Nullstellen, indem wir $y = 0$ setzen und die quadratische Gleichung lösen.

Beispiel:

$y = x^2 - 5x + 6$ | $y = 0$ setzen.

$0 = x^2 - 5x + 6$ | Mit VIETA oder Lösungsformel lösen.

$x_1 = 2$ und $x_2 = 3$

Die Nullstellen dieser Funktion sind 2 und 3.

Rechnen mit Potenzen

1 Natürliche Zahlen als Exponenten

MERKE Für die Potenzen, deren Exponenten natürliche Zahlen sind, gilt:

$a^1 = a$ mit $a \in \mathbb{R}$

$a^n = \underbrace{a \cdot a \cdot a \cdot \ldots \cdot a}_{n \text{ Faktoren}}$ mit $n \in \mathbb{N}$ und $n > 1$

a heißt Basis oder Grundzahl.

n heißt Exponent oder Hochzahl.

a^n heißt Potenz.

Beispiel: $2^4 = 2 \cdot 2 \cdot 2 \cdot 2 = 16$

Ist die Basis der Potenz eine negative Zahl, dann ist der Potenzwert

- positiv ⇒ wenn der Exponent eine gerade Zahl ist, oder
- negativ ⇒ wenn der Exponent eine ungerade Zahl ist.

Beispiele:

a) $(-3)^3 = -27$; Der Exponent ist eine ungerade Zahl. Das Ergebnis ist eine negative Zahl.

b) $(-3)^4 = +81$; Der Exponent ist eine gerade Zahl. Das Ergebnis ist eine positive Zahl.

Potenzen von Brüchen müssen mit einer Klammer geschrieben werden.

Beispiel:

$\left(\frac{2}{5}\right)^4 = \frac{2}{5} \cdot \frac{2}{5} \cdot \frac{2}{5} \cdot \frac{2}{5} = \frac{16}{625}$ Da der Bruch in der Klammer steht, gilt der Exponent 4 für den ganzen Bruch.

Dagegen:

$\frac{2^4}{5} = \frac{2 \cdot 2 \cdot 2 \cdot 2}{5} = \frac{16}{5}$ Es steht keine Klammer. Der Exponent 4 steht nur im Zähler, also wird nur der Zähler potenziert.

Berechnung von Potenzen mit dem Taschenrechner erfolgt, je nach Modell, mit der [x^y]-Taste oder [^]-Taste.

Beispiele:

a) $2^{10} = ?$

2 [x^y] 10 [=] Anzeige: 1024

b) $(-2)^{10} = ?$

2 [+/−] [x^y] 10 [=] Anzeige: 1024

oder

[(] [(−)] 2 [)] [x^y] 10 [=] Anzeige: 1024

2 Ganze Zahlen als Exponenten

MERKE Definition

1 $a^0 = 1$

2 $a^{-n} = \frac{1}{a^n}$

3 0^0 ist nicht erklärt (definiert).

► **BEACHTE** $a \in \mathbb{R}$ und $a \neq 0$; $n \in \mathbb{N}$

Mithilfe dieser Festlegung $a^{-n} = \frac{1}{a^n}$ kannst du jede Potenz mit einem negativen Exponenten in eine Potenz mit einem positiven Exponenten umwandeln und umgekehrt.

Beispiele:

Potenz mit negativem Exponenten	Potenz mit positivem Exponenten	Produkt-darstellung	Potenzwert
2^{-3}	$\frac{1}{2^{+3}}$	$\frac{1}{2 \cdot 2 \cdot 2}$	$\frac{1}{8}$
4^{-2}	$\frac{1}{4^{+2}}$	$\frac{1}{4 \cdot 4}$	$\frac{1}{16}$
$0{,}5^{-4}$	$\frac{1}{0{,}5^{+4}}$	$\frac{1}{0{,}5 \cdot 0{,}5 \cdot 0{,}5 \cdot 0{,}5}$	16

2.1 Große und kleine Zahlen

Sehr große und sehr kleine Zahlen werden normalerweise mit Zehnerpotenzen geschrieben, z. B.:

- Lichtgeschwindigkeit: $c \approx 3 \cdot 10^5 \frac{km}{s} = 300\,000 \frac{km}{s}$;
- Ruhemasse eines Elektrons: $m = 9{,}1095 \cdot 10^{-31}$ kg;
- Gravitationskonstante: $\gamma = 6{,}670 \cdot 10^{-11}$ N $\cdot$ m^2 $\cdot$ kg^{-2}.

Diese Schreibweise heißt Gleitkommadarstellung. Dafür hat der Taschenrechner eine eigene Taste, die Exponententaste: [EE] oder [EEX] oder [EXP].

Beispiele:

a) $7{,}18 \cdot 10^{21}$ Ablaufplan: 7,18 EE 21 Anzeige: 7.18 21

b) $31\,430 \cdot 10^{15}$ Ablaufplan: 31 430 EE 15 Anzeige: 3.143 19

Wenn du wissen willst, welche Zahl sich hinter einer Zehnerpotenz verbirgt, benötigst du folgende Regel:
Bei positivem Exponenten rückt das Komma nach rechts.
Bei negativem Exponenten rückt das Komma nach links.

Beispiele:

a) $2{,}445789 \cdot 10^{+6} = 2\,445\,789$ Das Komma rückt 6 Stellen nach rechts, weil der Exponent positiv ist.

b) $7{,}8364 \cdot 10^{-4} = 0{,}000\,783\,64$ Das Komma rückt 4 Stellen nach links, weil der Exponent negativ ist.

Vielleicht kannst du deinen Taschenrechner dazu bringen, alle Zahlen mit Zehnerpotenzen anzuzeigen, indem du auf MODE SCI umschaltest. Du musst dann noch die Zahl der geltenden Ziffern eingeben:

Beispiel:

Mit MODE SCI 3 erhält man:
1 [÷] 30 [=] Anzeige: 3.33^{-02} ($= 3{,}33 \cdot 10^{-02}$)
Mit MODE NORM kehrst du zur normalen Anzeige zurück.

3 Rationale und reelle Zahlen als Exponenten

Für Potenzen mit rationalen Exponenten gilt:

MERKE $a^{\frac{m}{n}} = \sqrt[n]{a^m}$ mit den Bedingungen: $a \in \mathbb{R}$ und $a > 0$; $n \in \mathbb{N}$ und $n \geqq 2$; $m \in \mathbb{Z}$.
$\sqrt[n]{a^m}$ spricht man: n-te Wurzel aus a hoch m.

Die zweite Wurzel ist die bereits bekannte Quadratwurzel, also: $\sqrt[2]{a} = \sqrt{a}$. Das Wurzelziehen ist eine Umkehroperation zum Potenzieren. $\sqrt[n]{a}$ ist somit diejenige nichtnegative reelle Zahl, deren n-te Potenz a ergibt. Es ist also:

$\sqrt[4]{256} = 4$; weil $4^4 = 256$
$\sqrt[5]{243} = 3$; weil $3^5 = 243$
$\sqrt[5]{0{,}00001} = 0{,}1$; weil $0{,}1^5 = 0{,}00001$

$\sqrt[n]{a^m}$ ist diejenige nichtnegative reelle Zahl, deren n-te Potenz a^m ergibt. Die Festlegung $a^{\frac{m}{n}} = \sqrt[n]{a^m}$ nutzen wir für das Umwandeln der Potenzschreibweise in die Wurzelschreibweise.

Beispiele:

a) $4{,}1^{\frac{5}{3}} = \sqrt[3]{4{,}1^5}$ **b)** $21{,}3^{\frac{-7}{2}} = \sqrt[2]{21{,}3^{-7}} = \sqrt[2]{\frac{1}{21{,}3^7}}$

Der Zähler des Exponenten bleibt bei der Basis.
Der Nenner des Exponenten wird auf die Wurzel geschrieben.

Natürlich können wir auch Potenzen, deren Exponenten rationale Zahlen sind, mit dem Taschenrechner berechnen.

Beispiel: $5{,}7^{\frac{4}{7}} = ?$

Wenn dein Taschenrechner eine Bruchtaste hat [a b/c], dann geht das Ganze bequem:

5,7 [x^y] [(] 4 [a b/c] 7 [)] [=] Anzeige: 2.7035132

Also ist $5{,}7^{\frac{4}{7}} \approx 2{,}70$

Bei manchen Taschenrechnern kann die Klammer um den Bruch entfallen. Probiere es mit deinem Taschenrechner aus.

3.1 Potenzen mit irrationalen Exponenten

So wie irrationale Zahlen (z. B. $\sqrt{2}$) durch eine Intervallschachtelung definiert sind, so kann man auch Potenzen mit irrationalen Exponenten durch eine Intervallschachtelung definieren. Somit sind Potenzen für alle reellen Exponenten definiert.

Beispiel:

$1 < \sqrt{2} < 2$	$3^1 < 3^{\sqrt{2}} < 3^2$
$1{,}4 < \sqrt{2} < 1{,}5$	$3^{1{,}4} < 3^{\sqrt{2}} < 3^{1{,}5}$
$1{,}41 < \sqrt{2} < 1{,}42$	$3^{1{,}41} < 3^{\sqrt{2}} < 3^{1{,}42}$
usw.	usw.

4 Potenz- und Wurzelgesetze

Sind

a) eine reelle Basis und ganzzahlige Exponenten ($a, b \in \mathbb{R} \setminus \{0\}$ und $m, n \in \mathbb{Z}$) oder

b) eine positive Basis und reelle Exponenten ($a, b \in \mathbb{R}^+$ und $m, n \in \mathbb{R}$) gegeben, so gelten die folgenden Potenzgesetze:

Potenzgesetz	Wortlaut	Beispiel
$a^m \cdot a^n = a^{m+n}$	Potenzen mit gleicher Basis werden multipliziert, indem man die Basis beibehält und die Exponenten addiert.	$7^2 \cdot 7^3 = 7^{2+3} = 7^5$
$a^m : a^n = a^{m-n}$ bzw. $\frac{a^m}{a^n} = a^{m-n}$	Potenzen mit gleicher Basis werden dividiert, indem man die Basis beibehält und die Exponenten subtrahiert.	$6^5 : 6^3 = 6^{5-3} = 6^2$
$a^n \cdot b^n = (a \cdot b)^n$	Potenzen mit gleichen Exponenten werden multipliziert, indem man das Produkt der Basen bildet und den Exponenten beibehält.	$4^2 \cdot 3^2 = (4 \cdot 3)^2 = 12^2$
$a^n : b^n = (a : b)^n$ bzw. $\frac{a^n}{a^n} = \left(\frac{a}{b}\right)^n$	Potenzen mit gleichem Exponenten werden dividiert, indem man die Basen dividiert und den Exponenten beibehält.	$15^3 : 5^3 = (15 : 5)^3 = 3^3$
$(a^m)^n = a^{m \cdot n}$	Potenzen werden potenziert, indem man die Basis beibehält und die Exponenten multipliziert.	$(3^4)^2 = 3^{4 \cdot 2} = 3^8$

Aus den Potenzgesetzen ergeben sich folgende **Wurzelgesetze**:

$\sqrt[n]{a} : \sqrt[n]{b} = \sqrt[n]{a : b}$	$a, b \in \mathbb{R}; a \geqq 0; b > 0; n \in \mathbb{N}; n > 1$
$\sqrt[n]{a} \cdot \sqrt[n]{b} = \sqrt[n]{a \cdot b}$	$a, b \in \mathbb{R}; a \geqq 0; b \geqq 0; n \in \mathbb{N}; n > 1$
$\sqrt[m]{\sqrt[n]{a}} = \sqrt[n]{\sqrt[m]{a}} = \sqrt[m \cdot n]{a}$	$a \in \mathbb{R}; a \geqq 0; m, n \in \mathbb{N}; m > 1; n > 1$

Beispiele:

a) $\sqrt[3]{4} \cdot \sqrt[3]{2} = \sqrt[3]{4 \cdot 2}$ gleicher Wurzelexponent 3
$= \sqrt[3]{8} = 2$

b) $\sqrt[4]{768} : \sqrt[4]{3} = \sqrt[4]{768 : 3}$ gleicher Wurzelexponent 4
$= \sqrt[4]{256} = 4$

c) $\sqrt{\sqrt{625}} = \sqrt[4]{625} = 5$ Produkt der Wurzelexponenten ist 4.

Steht eine Wurzel im Nenner eines Bruches, so ist es üblich, den Bruch so zu erweitern, dass keine Wurzel mehr im Nenner steht. Man nennt das „den Nenner rational machen".

Beispiel:

$$\frac{1}{\sqrt[3]{2}} = \frac{\sqrt[3]{4}}{\sqrt[3]{2} \cdot \sqrt[3]{4}} = \frac{\sqrt[3]{4}}{\sqrt[3]{8}} = \frac{\sqrt[3]{4}}{2}$$

Potenzfunktionen

1 Potenzfunktionen mit ganzzahligen Exponenten

MERKE Eine Funktion, die sich mit einer Funktionsgleichung der Form $y = f(x) = x^r$ mit $r \in \mathbb{R}$ beschreiben lässt, heißt Potenzfunktion.

Wir betrachten zunächst Potenzfunktionen mit natürlichen Exponenten. Die Funktion $y = f(x) = x^1 = x$ ist die einfachste davon; ihr Graph ist eine Gerade durch den Nullpunkt (Winkelhalbierende des 1. und 3. Quadranten, falls der Maßstab auf beiden Achsen gleich ist).

Ist der Exponent ganzzahlig ($r \in \mathbb{Z}$), können Potenzfunktionen folgendermaßen eingeteilt werden:

1 Potenzfunktionen mit geraden, positiven Exponenten
Beispiele: $y = x^2$; $y = x^4$; $y = x^6$

2 Potenzfunktionen mit ungeraden, positiven Exponenten
Beispiele: $y = x^3$; $y = x^5$; $y = x^7$

3 Potenzfunktionen mit geraden, negativen Exponenten
Beispiele: $y = x^{-2}$; $y = x^{-4}$; $y = x^{-6}$

4 Potenzfunktionen mit ungeraden, negativen Exponenten
Beispiele: $y = x^{-3}$; $y = x^{-5}$; $y = x^{-7}$

Die Eigenschaften der Potenzfunktionen mit positiven Exponenten werden auf S. 43 zusammengestellt.
Die Eigenschaften der Potenzfunktionen mit negativen Exponenten werden auf S. 44 zusammengestellt.

	gerader positiver Exponent	ungerader positiver Exponent
allgemeine Funktionsgleichung ($n \in \mathbb{N}$; $n \geq 1$)	$f(x) = x^k$ mit $k = 2n$	$f(x) = x^k$ mit $k = 2n + 1$
Beispiele:	$f(x) = x^2$; $f(x) = x^4$; $f(x) = x^6$	$f(x) = x^3$; $f(x) = x^5$; $f(x) = x^7$
grafische Darstellung	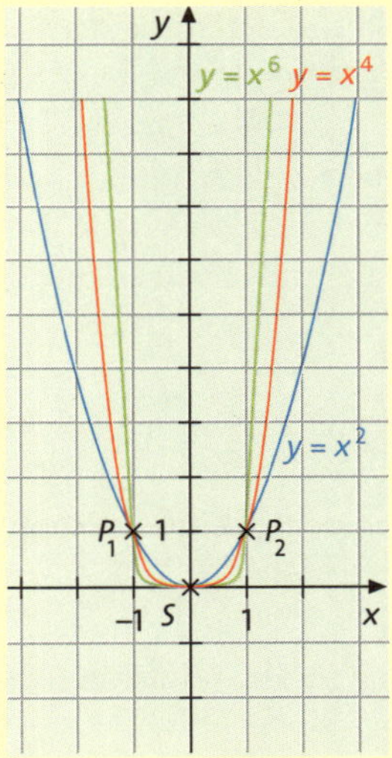 Parabel k-ter Ordnung	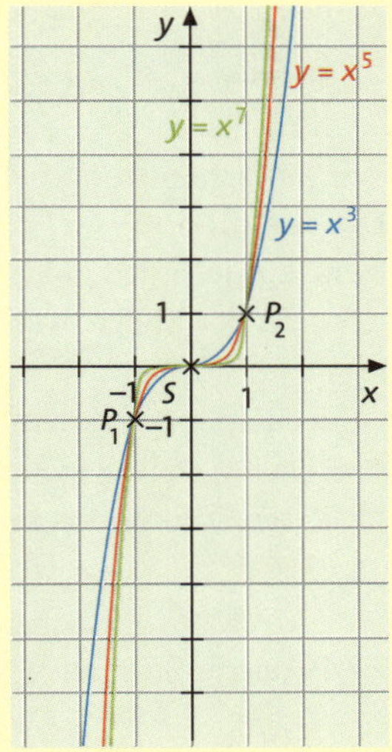 Parabel k-ter Ordnung
Definitionsbereich	$x \in \mathbb{R}$	$x \in \mathbb{R}$
Wertebereich	$y \in \mathbb{R}_0^+$	$y \in \mathbb{R}$
gemeinsame Punkte	$(-1; 1)$, $(0; 0)$, $(1; 1)$	$(-1; -1)$, $(0; 0)$, $(1; 1)$
Monotonie	fallend für $x < 0$ steigend für $x > 0$	steigend für alle x
Nullstellen	$x_0 = 0$	$x_0 = 0$
Symmetrie	Achsensymmetrie (y-Achse ist Symmetrieachse)	Punktsymmetrie (Nullpunkt (0; 0) ist Symmetriepunkt)
Asymptoten[1]	keine	keine

1 Eine Asymptote ist eine Gerade, an die sich eine Kurve immer mehr annähert, ohne sie je zu berühren.

Für die Potenzfunktionen mit negativen ganzzahligen Exponenten gilt:

	gerader negativer Exponent	ungerader negativer Exponent
allgemeine Funktionsgleichung ($n \in \mathbb{N}$; $n \geqq 1$)	$f(x) = x^{-k}$ mit $k = 2n$	$f(x) = x^{-k}$ mit $k = 2n - 1$
Beispiele:	$f(x) = x^{-2}$; $f(x) = x^{-4}$; $f(x) = x^{-6}$	$f(x) = x^{-3}$; $f(x) = x^{-5}$; $f(x) = x^{-7}$
grafische Darstellung	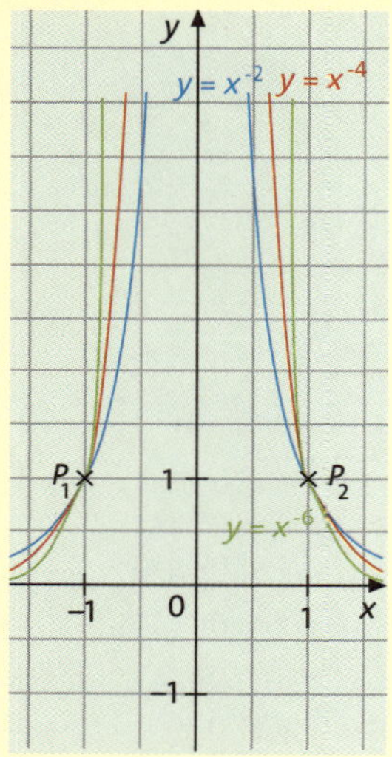 Hyperbel k-ter Ordnung	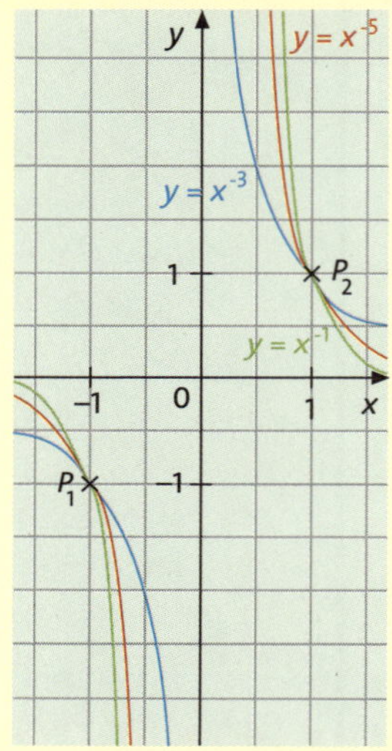 Hyperbel k-ter Ordnung
Definitionsbereich	$x \in \mathbb{R} \setminus \{0\}$	$x \in \mathbb{R} \setminus \{0\}$
Wertebereich	$y \in \mathbb{R}^+$	$y \in \mathbb{R} \setminus \{0\}$
gemeinsame Punkte	$(-1; 1)$, $(1; 1)$	$(-1; -1)$, $(1, 1)$
Monotonie	steigend für $x < 0$; fallend für $x > 0$	fallend für alle x
Nullstellen	keine	keine
Symmetrie	Achsensymmetrie (y-Achse ist Symmetrieachse)	Punktsymmetrie (Nullpunkt $[0; 0]$ ist Symmetriepunkt)
Asymptoten	x-Achse y-Achse	x-Achse y-Achse

2 Potenzfunktionen mit rationalem Exponenten

Wir betrachten Potenzfunktionen der Form $y = f(x) = x^{\frac{m}{n}}$ ($m \in \mathbb{Z}$; $n \in \mathbb{N}$). Potenzen mit gebrochenem Exponenten kann man auch als Wurzel schreiben, z. B. $x^{\frac{2}{3}} = \sqrt[3]{x^2}$; $x^{-\frac{2}{3}} = \frac{1}{\sqrt[3]{x^2}}$. Wir unterscheiden 3 Fälle:

1. Fall:

Der Exponent ist größer als null und kleiner als eins, also $0 < \frac{m}{n} < 1$.

Dann muss gelten: $n > m > 0$.

Beispiel: $y = f(x) = x^{\frac{1}{2}}$
$y = f(x) = x^{\frac{2}{5}}$
$y = f(x) = x^{\frac{3}{4}}$

Hier siehst du alle Funktionsgraphen im Koordinatensystem.

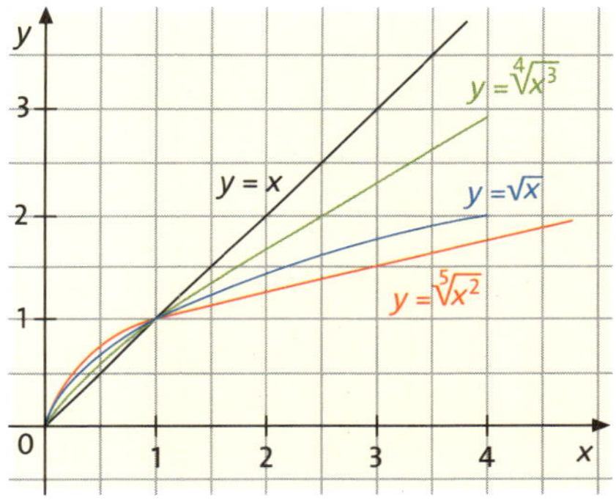

Für diese Potenzfunktionen gilt:

1 Alle haben den Definitionsbereich: $x \in \mathbb{R}_0^+$.
2 Alle haben den Wertebereich $y \in \mathbb{R}_0^+$.
3 Für alle x-Werte steigen die Graphen.
4 (0; 0) und (1; 1) sind gemeinsame Punkte.
5 Für $x < 1$: Die Graphen liegen über der Geraden $y = x$.
Für $x > 1$: Die Graphen liegen unter der Geraden $y = x$.
6 Je mehr sich der Exponent $\frac{m}{n}$ der Zahl 1 nähert, umso enger liegt der Graph an der Geraden $y = x$.

2. Fall:

Der Exponent ist größer als eins, also $1 < \frac{m}{n} < +\infty$.

Dann muss gelten: $m > n > 0$.

Beispiel: $y = f(x) = x^{\frac{6}{5}}$
$y = f(x) = x^{\frac{5}{2}}$
$y = f(x) = x^{\frac{3}{2}}$

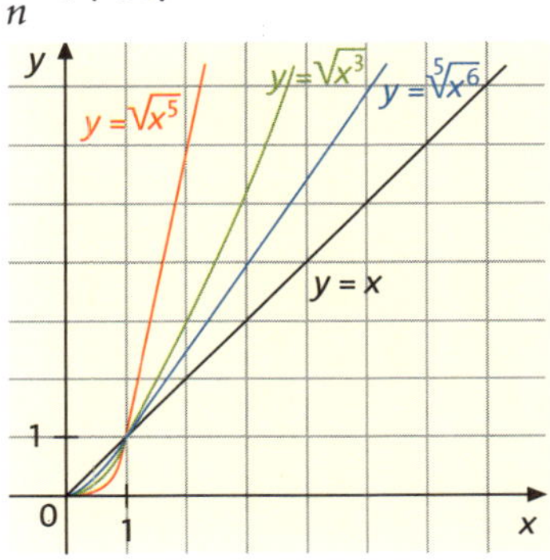

Für diese Potenzfunktion gilt:

1 Alle haben den Definitionsbereich $x \in \mathbb{R}_0^+$.
2 Alle haben den Wertebereich $y \in \mathbb{R}_0^+$.

3 Für alle x-Werte steigen die Graphen.

4 (0; 0) und (1; 1) sind gemeinsame Punkte.

5 Für $x < 1$ gilt: Die Graphen liegen unter der Geraden $y = x$.
Für $x > 1$ gilt: Die Graphen liegen über der Geraden $y = x$.

6 Je mehr sich der Exponent $\frac{m}{n}$ der Zahl 1 nähert, umso enger liegt der Graph an der Geraden $y = x$.

3. Fall:

Der Exponent ist kleiner als null, also $-\infty < \frac{m}{n} < 0$.
Dann muss gelten: $m < 0$ und $n > 0$.

Beispiel: $y = f(x) = x^{-\frac{1}{2}}$

$y = f(x) = x^{-\frac{5}{2}}$

$y = f(x) = x^{-\frac{1}{5}}$

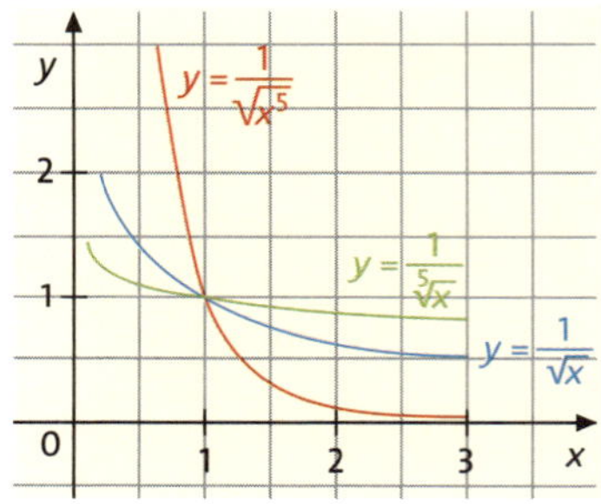

Auch diese Potenzfunktionen haben wieder gemeinsame Eigenschaften:

1 Alle haben den Definitionsbereich $x \in \mathbb{R}^+$.

2 Alle haben den Wertebereich $y \in \mathbb{R}^+$.

3 (1; 1) ist ein gemeinsamer Punkt.

4 Für alle x-Werte fallen die Graphen.

Zusammenfassung der drei Fälle:

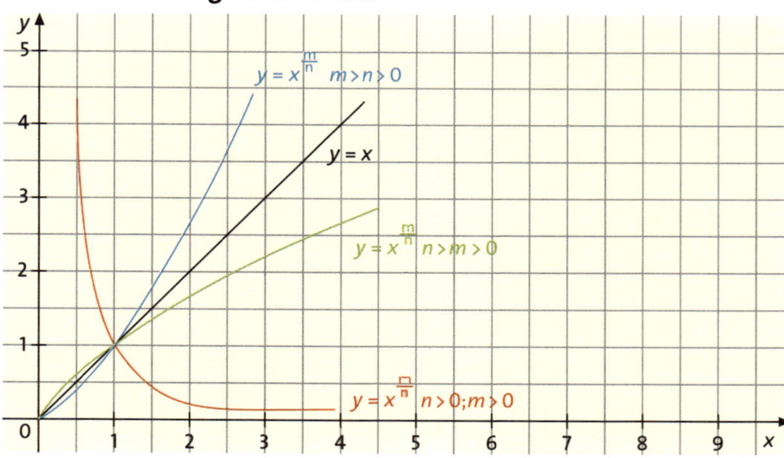

Funktion und Umkehrfunktion

1 Regeln und Beispiele

Bei einer Funktion ist jedem x-Wert genau ein y-Wert zugeordnet. Bei einer eineindeutigen Funktion ist auch jedem y-Wert genau ein x-Wert zugeordnet.

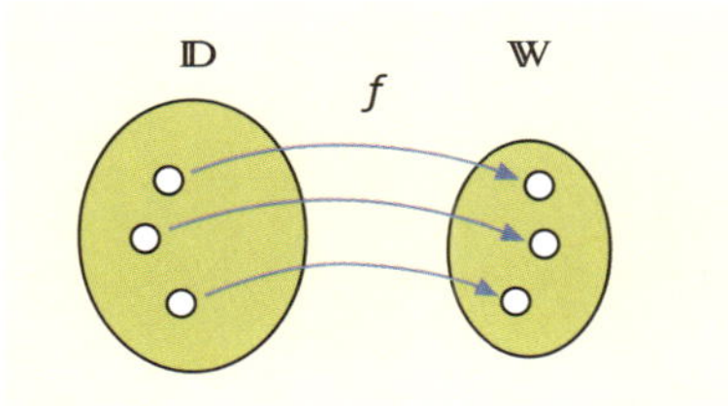

eineindeutig

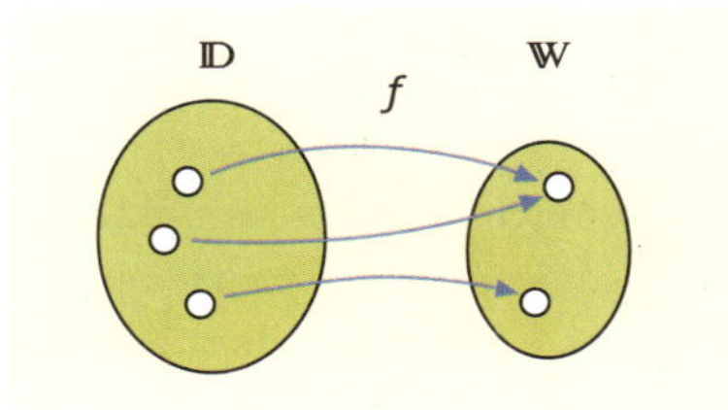

nicht eineindeutig

Beim Graphen einer eindeutigen Funktion schneidet jede Parallele zur x-Achse den Graphen höchstens einmal.

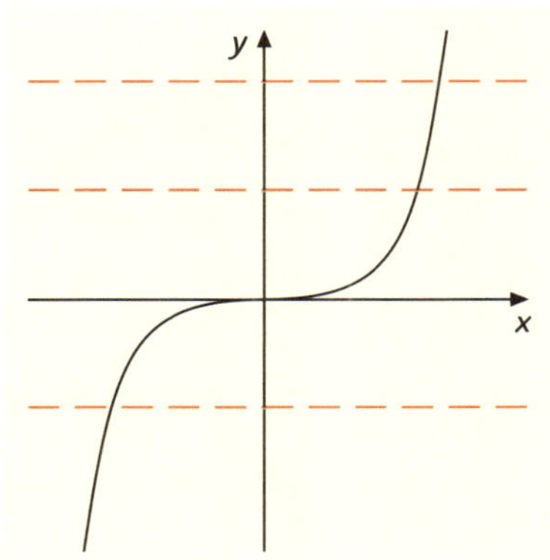

eineindeutig

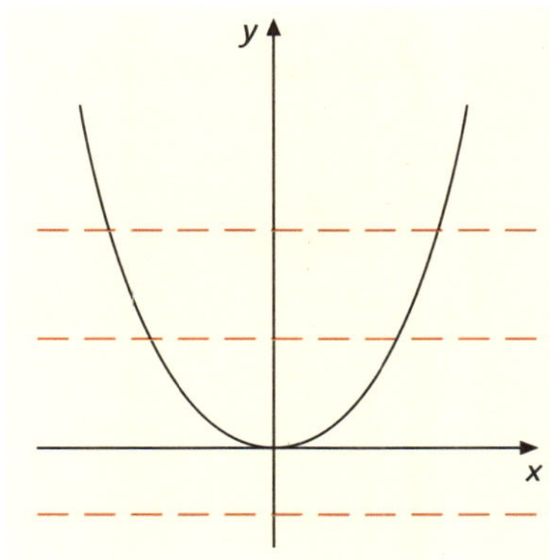

nicht eineindeutig

Ist f eine eineindeutige Funktion, so versteht man unter der Umkehrfunktion f^{-1} von f die Menge der geordneten Paare $(y; x)$, für die $(x; y) \in f$ gilt. Zu Umkehrfunktionen sagt man auch inverse Funktionen.

Die Funktionsgleichung von f^{-1} erhält man durch Ausführung folgender Schritte:

- Funktionsgleichung der Funktion f nach x auflösen;
- Variablen x und y vertauschen.

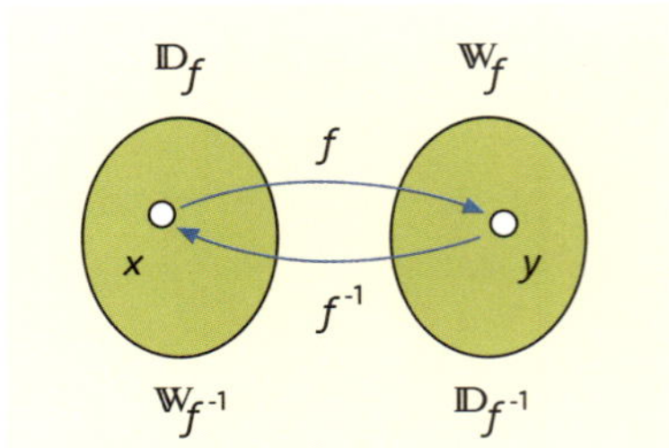

Der Definitionsbereich von f ist der Wertebereich von f^{-1}.
Der Wertebereich von f ist der Definitionsbereich von f^{-1}.
Der Graph von f^{-1} ergibt sich durch Spiegelung des Graphen f an der Geraden mit der Gleichung $y = x$.
Manche Funktionen sind nicht im ganzen Definitionsbereich umkehrbar, aber in bestimmten Intervallen, in denen sie eindeutig sind.

Beispiele:

a) Gegeben ist die Funktion f mit der Funktionsgleichung $y = 4x - 3$. Dies ist zwar eine lineare Funktion, macht aber die Vorgehensweise für das Finden der Umkehrfunktion f^{-1} sehr deutlich.

1. Schritt: Löse die Gleichung nach x auf.

$f: y = 4x - 3 \quad | + 3; : 4$

$\frac{x+3}{4} = x$

2. Schritt: Vertausche die Variablen x und y.

$\frac{x+3}{4} = y$

$f^{-1}: y = \frac{x+3}{4} = \frac{x}{4} + \frac{3}{4}$

$f^{-1}: y = \frac{1}{4} \cdot x + \frac{3}{4}$

Das ist die Umkehrfunktion zur Funktion $y = 4x - 3$.

b) Die Funktion $y = x^2$ ist nicht im ganzen Definitionsbereich $\mathbb{D} = \mathbb{R}$ umkehrbar, weil sie nicht eineindeutig ist. Schränken wir jedoch den Definitionsbereich auf $\mathbb{D} = \mathbb{R}_0^+$ ein, so ist sie umkehrbar.

$f\colon y = x^2;\ \mathbb{D}_f = \mathbb{R}_0^+;$

$\mathbb{W}_{f^{-1}} = \mathbb{D}_f = \mathbb{R}_0^+$

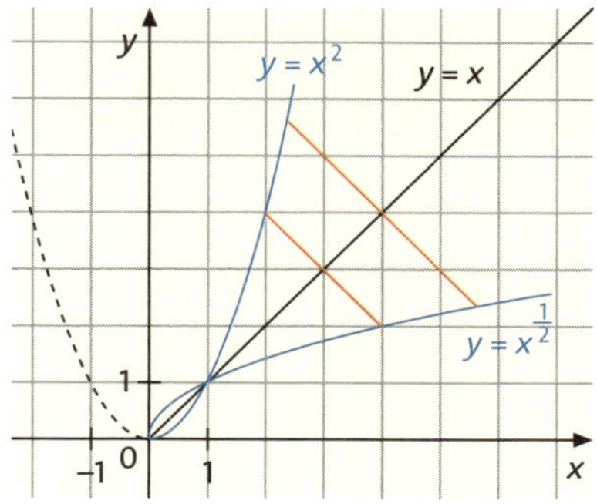

1. Schritt: Löse die Gleichung nach x auf.

$x = \sqrt{y}$ (wegen $\mathbb{D}_f$ nur $+\sqrt{y}$, nicht $-\sqrt{y}$)

2. Schritt: Vertausche die Variablen x und y.

$f^{-1}\colon y = \sqrt{x}$ mit $\mathbb{D}_{f^{-1}} = \mathbb{W}_f = \mathbb{R}_0^+;\ \mathbb{W}_{f^{-1}} = \mathbb{D}_f = \mathbb{R}_0^+$

Die Wurzelfunktion $y =$ ist die Umkehrfunktion der quadratischen Funktion $y = x^2$ für $x \geqq 0$.

c) Gegeben ist die Funktion f mit der Funktionsgleichung $y = x^3 - 2$ für den Fall $x \geqq 0$ $(y \geqq -2)$. Gesucht ist die Umkehrfunktion f^{-1}.

1. Schritt: Löse die Gleichung nach x auf.

$f\colon y = x^3 - 2 \quad | + 2; \sqrt[3]{}$

$\sqrt[3]{y + 2} = x$

Wegen $y \geqq -2$ ist die Wurzel immer definiert.

2. Schritt: Vertausche die Variablen x und y.

$\sqrt[3]{x + 2} = y$

$f^{-1}\colon y = \sqrt[3]{x + 2}$ mit $x \geqq -2$ und $y \geqq 0$

d) Gegeben ist die Potenzfunktion $f\colon y = x^{\frac{m}{n}}$ mit $\mathbb{D}_f = \mathbb{R}_0^+$ und $\mathbb{W}_f = \mathbb{R}^+$. Gesucht ist die Umkehrfunktion f^{-1}.

1. Schritt: Löse die Gleichung nach x auf.

$f\colon y = x^{\frac{m}{n}} \quad |$ hoch $\frac{n}{m}$

$x = y^{\frac{n}{m}}$

2. Schritt: Vertausche die Variablen x und y.

$f^{-1}\colon y = x^{\frac{n}{m}}$ mit $\mathbb{D}_{f^{-1}} = \mathbb{W}_f = \mathbb{R}^+$ und $\mathbb{W}_{f^{-1}} = \mathbb{D}_f = \mathbb{R}^+$

1 Eigenschaften und Graphen der Exponentialfunktion

MERKE Eine Funktion $y = a^x$ mit $a > 0$ heißt Exponentialfunktion.

Nur für $a > 0$ sind Potenzen mit rationalen und irrationalen Exponenten definiert.
Die wesentlichen Eigenschaften dieser Exponentialfunktion sind:

- Eine Exponentialfunktion $y = a^x$, $a > 0$, $x \in \mathbb{R}$, nimmt nur positive Funktionswerte an.
- Alle Graphen haben den gemeinsamen Punkt (0; 1).
- Für $a > 1$ steigt der Graph, für $0 < a < 1$ fällt der Graph.
- Die Graphen von $y = a^x$ und $y = (\frac{1}{a})^x$ liegen symmetrisch zur x-Achse.
- Alle Graphen nähern sich der x-Achse an. Die x-Achse ist Asymptote.
- Der Graph heißt Exponentialkurve.

Beispiele:

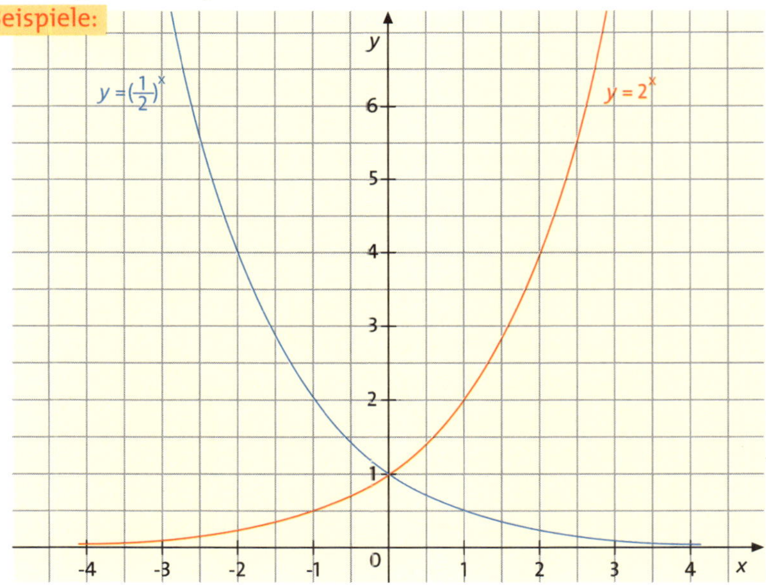

2 Wachstums- und Abklingvorgänge

Wachstums- und Abklingvorgänge, bei denen pro Zeiteinheit eine konstante prozentuale Zunahme oder Abnahme vorliegt, lassen sich durch eine Funktion $y = b \cdot a^x$ beschreiben.

MERKE Auch die Funktion $y = b \cdot a^x$ heißt Exponentialfunktion.
b ist der Bestand bei $x = 0$.
Für $a > 1$ liegt ein Wachstumsvorgang vor.
Für $0 < a < 1$ liegt ein Abklingvorgang oder Zerfallsvorgang vor.

Bei einem Wachstum von 5% beträgt der Wachstumsfaktor $a = 1{,}05$ (von 100% auf 105%).
Die Zeit, in der ein Bestand auf die Hälfte schrumpft, heißt **Halbwertszeit**.
Wenn man statt des Wachstumsfaktors a die Halbwertszeit t_H kennt, kann man einen exponentiellen Zerfall auch durch folgende Exponentialfunktion beschreiben: $y = b \cdot \left(\frac{1}{2}\right)^x$ mit $x = \frac{t}{t_H}$.
t_H ist die Halbwertszeit und b ist der Bestand zur Zeit $t = 0$.

Beispiele:

a) Ein Kapital von 100 € soll sich täglich verdoppeln.

Startkapital:	100 €
Nach 1 Tag:	$100 \cdot 2$ € = 200 €
Nach 2 Tagen:	$100 \cdot 2^2$ € = 400 €
Nach 3 Tagen:	$100 \cdot 2^3$ € = 800 €
Nach x Tagen:	$100 \cdot 2^x$ €

Für das Kapital von y € nach x Tagen ergibt sich jetzt die Funktion $y = 100 \cdot 2^x$. Dabei ist 100 der Anfangsbestand (bei $x = 0$) und 2 ist der Wachstumsfaktor.

b) In allen Lebewesen ist ein geringer Anteil an radioaktivem Kohlenstoff C14 vorhanden, der mit einer Halbwertszeit von 5730 a (a ≙ Jahre) zerfällt. Wie viel C14-Atome sind von ursprünglich 10^{20} C14-Atomen nach 1000 Jahren noch vorhanden?
$t_H = 5730$ a; $t = 1000$ a

$$x = \frac{1000a}{5730a} = 0{,}1745$$

Exponentialfunktion: $y = b \cdot \left(\frac{1}{2}\right)^x = 10^{20} \cdot \left(\frac{1}{2}\right)^{0{,}1745} = 9 \cdot 10^{19}$

(Ein möglicher Rechenablaufplan für den Taschenrechner wäre:
1 [EXP] 20 [×] 0,5 [x^y] 0,1745 [=])
Es sind noch $9 \cdot 10^{19}$ C14-Atome vorhanden.

3 Der Logarithmus

MERKE Der Logarithmus von b zur Basis a ist die Zahl r, mit der man a potenzieren muss, um b zu erhalten.
$a^r = b \; (a; b \in \mathbb{R}^+; a \neq 1) \Leftrightarrow r = \log_a b$

Den Wert von $\log_a b$ erhält man mit der Frage: a hoch wie viel ergibt b?

Beispiele:

a) $\log_2 8 = ?$ (2 hoch wie viel ergibt 8?) $\Rightarrow$ $\log_2 8 = 3$

b) $\log_3 \frac{1}{3} = ?$ (3 hoch wie viel ergibt $\frac{1}{3}$?) $\Rightarrow$ $\log_3 \frac{1}{3} = -1$

c) $\log_2 \sqrt{2} = ?$ (2 hoch wie viel ergibt $\sqrt{2}$?) $\Rightarrow$ $\log_2 \sqrt{2} = \frac{1}{2}$

Ebenso erhält man: $\log_a a = 1 \; (a \in \mathbb{R}^+ \setminus \{1\})$; denn $a^1 = a$.
$\log_a 1 = 0$; denn $a^0 = 1$.

Ist ein Logarithmus immer eine rationale Zahl?
Für die Gleichung $2^x = 7$ gibt es keine rationale Lösung. $x = \log_2 7$ ist eine irrationale (reelle) Zahl, die man mit beliebiger Genauigkeit näherungsweise bestimmen kann.

Für einige Logarithmen mit bestimmten Basen gibt es besondere Bezeichnungen:

$\log_{10} b = \lg b$	dekadischer Logarithmus
$\log_2 b = \text{lb } b = \text{ld } b$	binärer oder dualer Logarithmus
$\log_e b = \ln b$	natürlicher Logarithmus (e = 2,71…)

4 Logarithmusfunktionen

MERKE Eine Funktion $y = \log_a x$ mit $a > 0$; $a \neq 1$ und $x \in \mathbb{R}^+$ heißt **Logarithmusfunktion**.
Sie ist die Umkehrfunktion der Exponentialfunktion $y = a^x$.

Beispiel:

Wir betrachten die Funktion f: $y = 2^x$ und ihre Umkehrfunktion f^{-1}.

a) $\mathbb{D}_f = \mathbb{R}$; $\mathbb{W}_f = \mathbb{R}^+$

b) $P(-2; \frac{1}{4})$, $Q(0; 1)$, $R(1; 2)$ und $S(2; 4)$ liegen auf dem Graphen von f. Durch Spiegeln der Punkte P, Q, R, S an der Winkelhalbierenden des I. und III. Quadranten erhält man die Punkte P', Q', R', S' der Umkehrfunktion. Ihre Koordinaten sind: $P'(\frac{1}{4}; -2)$, $Q'(1; 0)$, $R'(2; 1)$, $S'(4; 2)$.

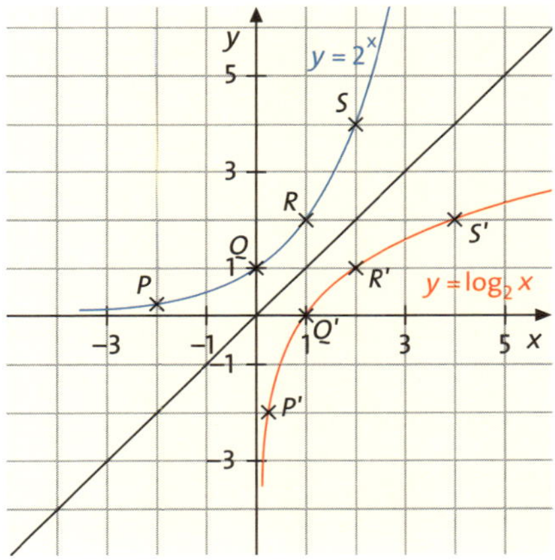

c) Die Funktion f ist umkehrbar, weil sie eineindeutig ist.

d) Die Gleichung der Umkehrfunktion f^{-1} lautet: $y = \log_2 x$.

e) $\mathbb{D}_{f^{-1}} = \mathbb{R}^+$; $\mathbb{W}_{f^{-1}} = \mathbb{R}$

f) Im Koordinatensystem erkennen wir:
Die x-Achse ist Asymptote des Graphen von f.
Die y-Achse ist die Asymptote des Graphen von f^{-1}.

5 Rechenregeln für Logarithmen

MERKE $\log_a(u \cdot v) = \log_a u + \log_a v$

$\log_a \frac{u}{v} = \log_a u - \log_a v$

$\log_a(u^r) = r \cdot \log_a u$

Für die Berechnung von beliebigen Logarithmen mit dem Taschenrechner ist folgende Umrechnungsformel nützlich: $\log_a b = \frac{\lg b}{\lg a}$.

Beispiel: $\log_2 7 = \frac{\lg 7}{\lg 2} \approx 2{,}807$

Zentrische Streckung, Strahlensätze, Ähnlichkeit

1 Zentrische Streckung

Eine zentrische Streckung ist eine Abbildung, bei der Figuren verkleinert oder vergrößert werden können.

MERKE Die Abbildungsvorschrift für eine zentrische Streckung lautet so:

1. Jeder Punkt $P (P \neq Z)$ wird so auf einem Bildpunkt P' der Geraden ZP abgebildet, dass gilt: $\overline{ZP'} = |k| \cdot \overline{ZP}$.
2. Für $k > 0$ liegen P und P', von Z aus betrachtet, in der gleichen Richtung.
   Für $k < 0$ liegen P und P', von Z aus betrachtet, in entgegengesetzter Richtung.
3. Das Streckungszentrum Z wird auf sich abgebildet. Z ist also Fixpunkt.
4. Kurzschreibweise: $P \xrightarrow{Z;\,k} P'$

Beispiel:

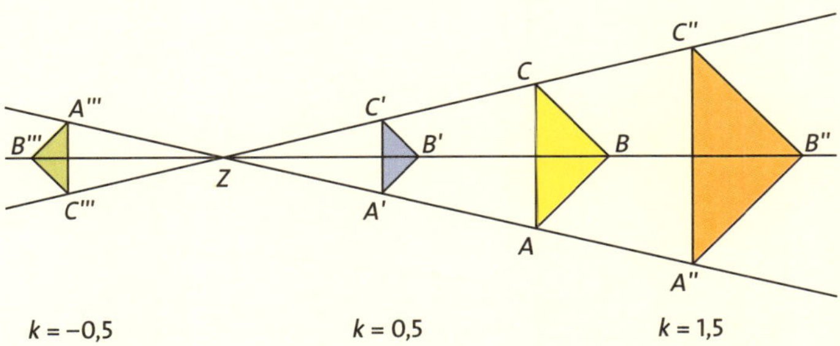

$\triangle ABC$ wird durch zentrische Streckung mit dem Streckungszentrum Z und verschiedenen Streckungsfaktoren auf die Bilddreiecke $A'B'C'$ und $A''B''C''$ und $A'''B'''C'''$ abgebildet.
Eigenschaften der zentrischen Streckung:

1 Die zentrische Streckung ist eine geradentreue Abbildung. Jede Gerade wird auf eine zu ihr parallele Bildgerade abgebildet.
2 Die zentrische Streckung ist eine verhältnistreue Abbildung. Jede Urstrecke wird auf eine parallele Bildstrecke der $|k|$-fachen Länge abgebildet.
3 Die zentrische Streckung ist eine winkeltreue Abbildung. Jeder Winkel wird auf einen gleich großen Winkel abgebildet.
4 Die zentrische Streckung ist eine kreistreue Abbildung. Jeder Kreis wird auf einen Kreis mit $|k|$-fachem Radius abgebildet.
5 Der Flächeninhalt der Bildfigur ist das k^2-fache des Flächeninhaltes der Urfigur.

2 Der Strahlensatz (Vierstreckensatz)

Zwei sich kreuzende Geraden werden von zwei parallelen Geraden geschnitten.

a) V-Figur:

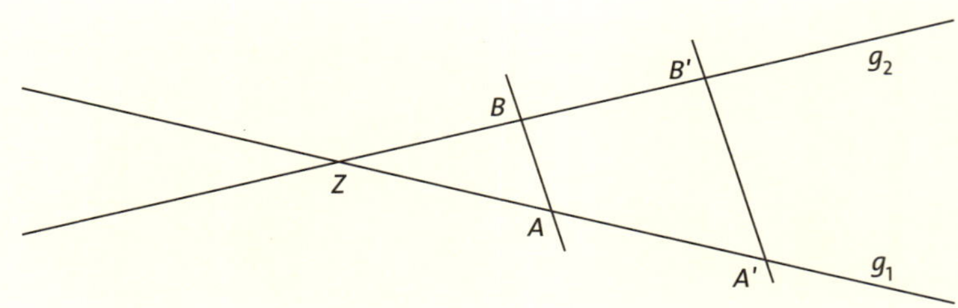

b) X-Figur:

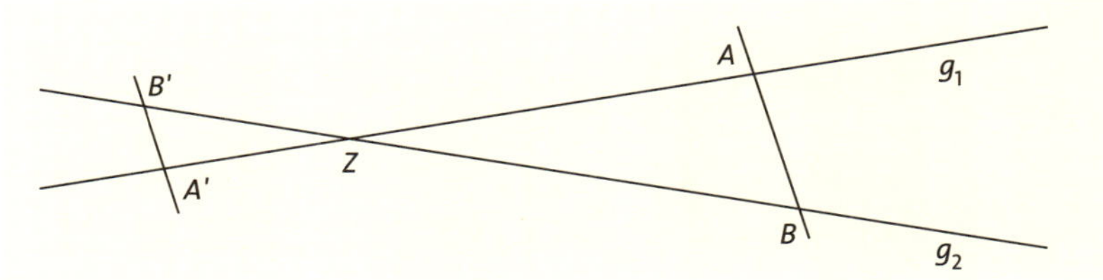

Für beide Figuren gilt der Strahlensatz, auch Vierstreckensatz genannt:

1 Die Längen zweier Strecken auf der einen Geraden verhalten sich wie die Längen der entsprechenden Strecken auf der anderen Geraden.

$\frac{\overline{ZA'}}{\overline{ZA}} = \frac{\overline{ZB'}}{\overline{ZB}}$; $\frac{\overline{ZA}}{\overline{AA'}} = \frac{\overline{ZB}}{\overline{BB'}}$

2 Die Längen der parallelen Strecken verhalten sich wie die Streckenlängen zwischen Z und der Parallelen auf jeder der beiden Geraden.

$\frac{\overline{A'B'}}{\overline{AB}} = \frac{\overline{ZA'}}{\overline{ZA}}$; $\frac{\overline{A'B'}}{\overline{AB}} = \frac{\overline{ZB'}}{\overline{ZB}}$

Beispiel:

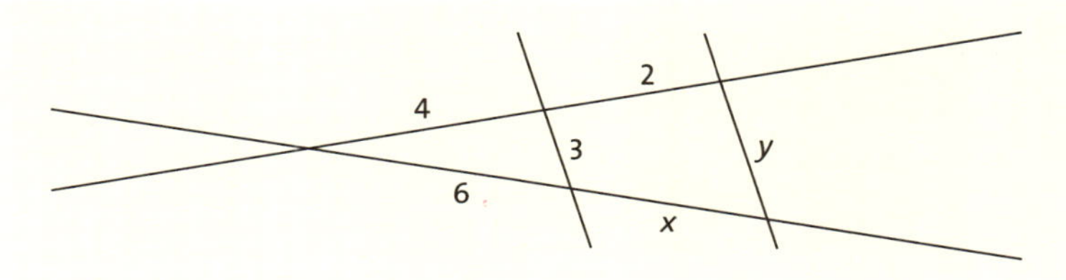

Es gilt:

$$\frac{4}{2} = \frac{6}{x}$$
$$4x = 12$$
$$x = 3$$

Außerdem:

$$\frac{3}{y} = \frac{4}{4+2}$$
$$18 = 4y$$
$$y = 4{,}5$$

3 Ähnlichkeit

MERKE Zwei Figuren F_1 und F_2 heißen ähnlich ($F_1 \sim F_2$), wenn sie sich durch eine zentrische Streckung oder durch die Verknüpfung einer zentrischen Streckung mit einer Kongruenzabbildung (Verschiebung, Drehung, Spiegelung) aufeinander abbilden lassen.
Folgerung: Bei ähnlichen Figuren stehen entsprechende Seiten im gleichen Verhältnis. Entsprechende Winkel sind gleich groß.

Man kann auch sagen: Ähnliche Figuren haben die gleiche Form.

Beispiel:

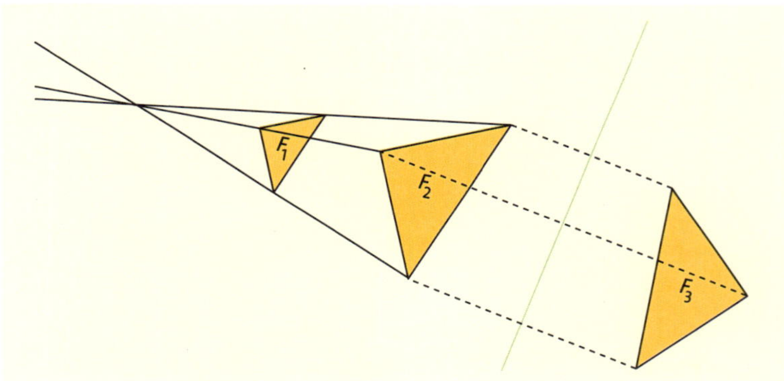

F_1 wurde durch eine zentrische Streckung auf F_2, diese sodann durch eine Achsenspiegelung auf F_3 abgebildet. $F_1 \sim F_2$; $F_1 \sim F_3$.
Die drei Figuren haben gleiche Winkel und gleiche Seitenverhältnisse. Ob zwei Dreiecke ähnlich sind, kann man mit den Ähnlichkeitssätzen feststellen.

MERKE Zwei Dreiecke *ABC* und *A′B′C′* sind ähnlich, wenn sie:
- im Verhältnis der drei Seiten übereinstimmen (z. B.: $a : b : c = a' : b' : c'$).
- in zwei Winkeln übereinstimmen (z. B.: $\alpha = \beta'$; $\gamma = \alpha'$).
- im Verhältnis zweier Seiten und dem eingeschlossenen Winkel übereinstimmen (z. B.: $a : b = a' : b'$; $\gamma = \gamma'$).
- im Verhältnis zweier Seiten und dem Gegenwinkel der größeren Seite übereinstimmen (z. B.: $a : b = b' : c' = 3 : 2$; $\alpha = \beta'$).

4 Ähnlichkeitskonstruktionen

Eine Figur soll konstruiert werden, wobei Angaben, die die Form der Figur bestimmen (z. B. Winkel- oder Seitenverhältnisse) und eine Länge gegeben sind. Zeichne zunächst eine Figur mit „richtiger" Form und in beliebiger Größe. Vergrößere oder verkleinere sie dann mit einer zentrischen Streckung so, dass die Länge stimmt.

▶ **BEACHTE** Die Seiten der ursprünglichen Figur und der zentrisch gestreckten Figur sind parallel.

Beispiel: Konstruiere ein Dreieck *ABC* mit $\alpha = 50°$; $\beta = 60°$; $s = 6$ cm.

Zeichne zunächst ein beliebig großes Dreieck *A′B′C′* mit $\alpha = 50°$; $\beta = 60°$.

Zeichne s_c mit dem Fußpunkt M' ein.

Führe nun eine zentrische Streckung mit dem Streckungszentrum $C' = C$ aus, sodass $\overline{CM}$ die Länge 6 cm erhält.

$\overline{AB}$ erhältst du als Parallele zu $\overline{A'B'}$ durch M.

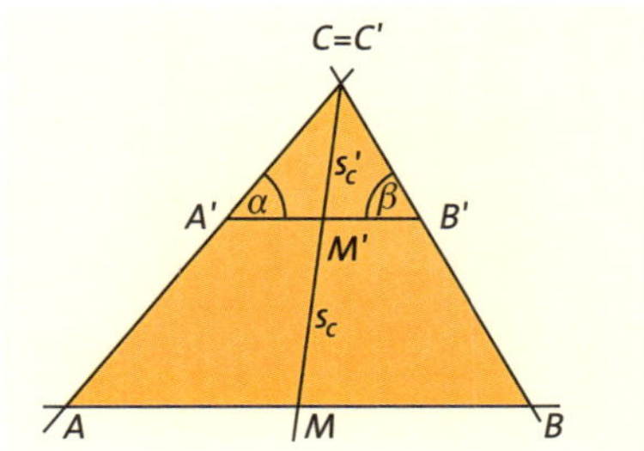

Die Satzgruppe des PYTHAGORAS

1 Sätze am rechtwinkligen Dreieck

Für ein rechtwinkliges Dreieck mit den Katheten a und b und der Hypotenuse c (wie im Bild) gilt:

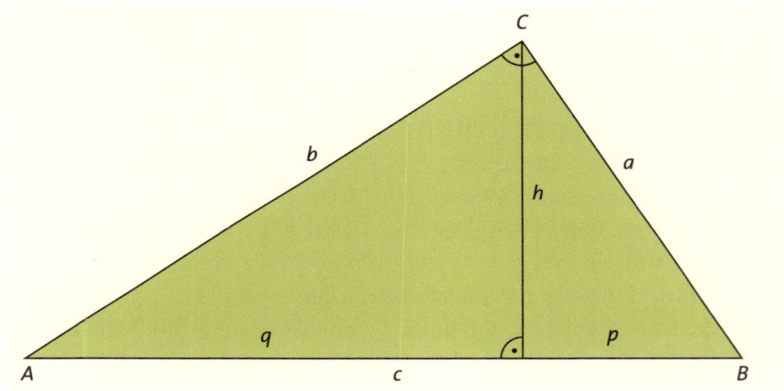

Satz des PYTHAGORAS:	$a^2 + b^2 = c^2$
Kathetensatz:	$a^2 = p \cdot c$ und $b^2 = q \cdot c$
Höhensatz:	$h^2 = p \cdot q$
Flächeninhalt:	$A = \frac{1}{2} c \cdot h = \frac{1}{2} a \cdot b$

Beispiel: Von einem rechtwinkligen Dreieck (s. Abb. oben) sind bekannt: $h = 2{,}4\,\text{cm}$; $p = 1{,}8\,\text{cm}$.
Gesucht sind: a, b, c, q.

Höhensatz: $h^2 = p \cdot q \Rightarrow q = \frac{h^2}{p} = \frac{2{,}4^2\,\text{cm}^2}{1{,}8\,\text{cm}} = 3{,}2\,\text{cm}$

$c = p + q = 1{,}8\text{ cm} + 3{,}2\text{ cm} = 5\,\text{cm}$

Kathetensatz: $a^2 = p \cdot c \Rightarrow a = \sqrt{p \cdot c} = \sqrt{1{,}8\,\text{cm} \cdot 5\,\text{cm}} = 3\,\text{cm}$

Satz des PYTHAGORAS: $a^2 + b^2 = c^2 \Rightarrow b = \sqrt{c^2 - a^2}$
$= \sqrt{5^2\text{cm}^2 - 3^2\,\text{cm}^2} = 4\,\text{cm}$

2 Anwendungen

2.1 Diagonalen

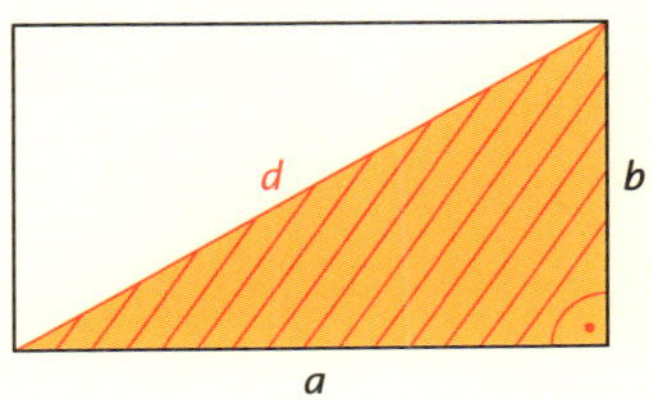

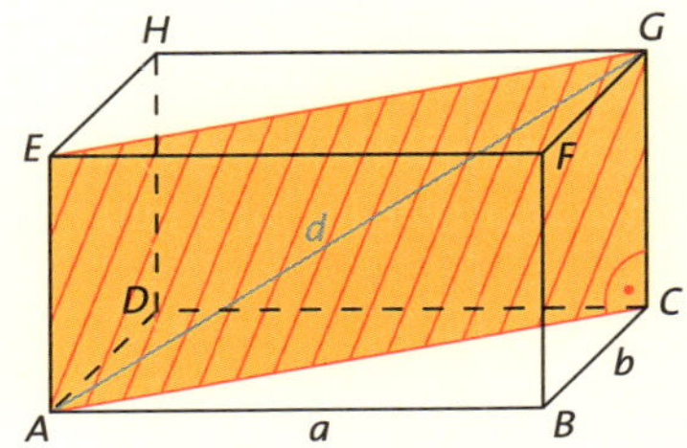

PYTHAGORAS: $d^2 = a^2 + b^2$
Die Diagonale eines Rechtecks der Seitenlängen a und b hat die Länge $d = \sqrt{a^2 + b^2}$.
Ein Quadrat ist ein spezielles Rechteck, es ist $b = a$. Für die Quadratdiagonale gilt: $d^2 = a^2 + a^2 \Rightarrow d = a\sqrt{2}$.

PYTHAGORAS: $\overline{AC}^2 = a^2 + b^2$
Die Raumdiagonale eines Quaders der Kantenlängen a, b, c hat die Länge $d = \sqrt{a^2 + b^2 + c^2}$.
Ein Würfel ist ein spezieller Quader, es ist $c = b = a$. Für die Würfeldiagonale gilt: $d^2 = a^2 + a^2 + a^2 \Rightarrow d = a\sqrt{3}$.

2.2 Höhe eines gleichschenkligen Dreiecks

PYTHAGORAS: $s^2 = h^2 + \left(\frac{g}{2}\right)^2$

$$h^2 = s^2 - \left(\frac{g}{2}\right)^2$$

$$h = \sqrt{s^2 - \left(\frac{g}{2}\right)^2}$$

Die Höhe halbiert das Dreieck. Diese Hälfte ist ein rechtwinkliges Dreieck.
Für ein gleichseitiges Dreieck, bei dem alle Seiten die Länge a haben, gilt dann:

$$h = \sqrt{a^2 - \left(\frac{a}{2}\right)^2} = \sqrt{a^2 - \frac{a^2}{4}} = \sqrt{\frac{3a^2}{4}}$$

$$h = \frac{a}{2}\sqrt{3}.$$

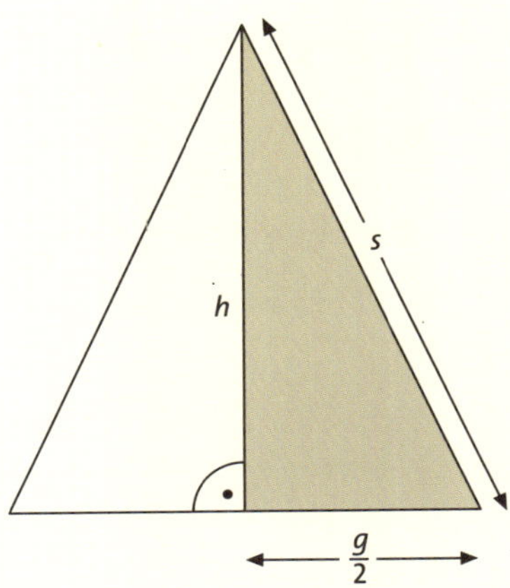

2.3 Höhe einer quadratischen Pyramide

PYTHAGORAS: $s^2 = \left(\frac{1}{2}\overline{AC}\right)^2 + h^2$

Wegen $\overline{AC}^2 = g^2 + g^2 = 2g^2$ folgt:

$s^2 = \frac{1}{2}g^2 + h^2 \Rightarrow h^2 = s^2 - \frac{1}{2}g^2$;

$h = \sqrt{s^2 - \frac{1}{2}g^2}$.

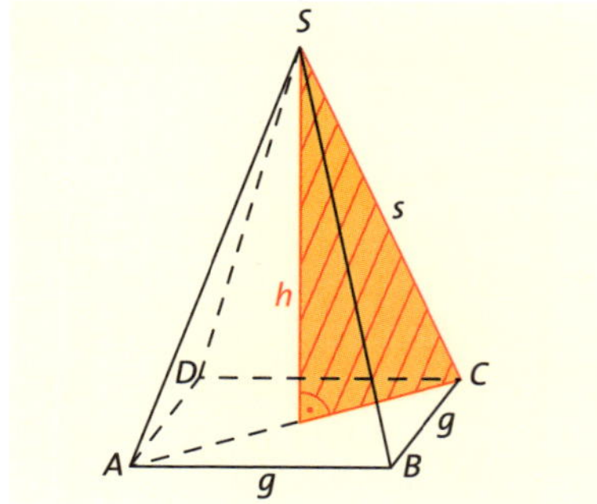

2.4 Abstand zweier Punkte $A(x_1; y_1)$ und $B(x_2; y_2)$

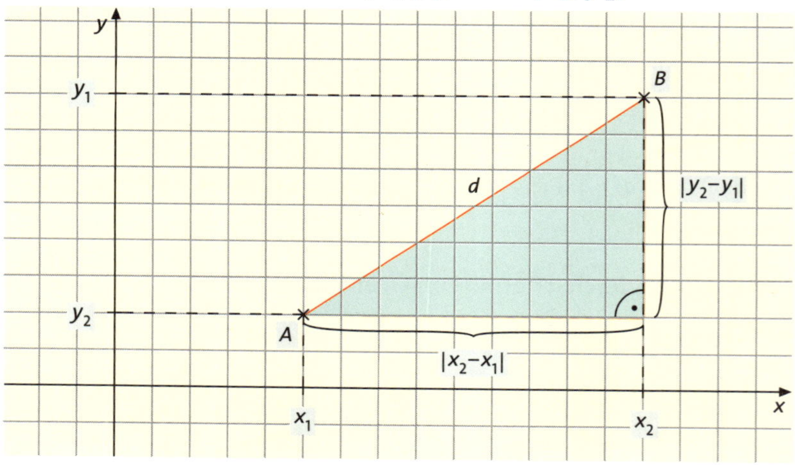

Man erhält: $d = \overline{AB} = \sqrt{(x_2 - x_1)^2 + (y_2 - y_1)^2}$.

Der Kreis

1 Kreis – Umfang und Flächeninhalt

r = Radius
d = Durchmesser = $2r$
Das Verhältnis von Umfang u und Durchmesser d ist für alle Kreise gleich.
Dieses Verhältnis heißt **Kreiszahl π**.

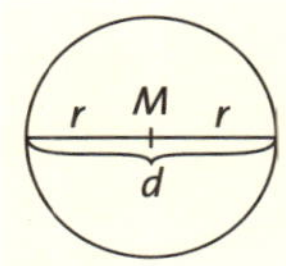

MERKE Kreisumfang $u = 2\pi r$

π ist eine irrationale Zahl, die man mit beliebiger Genauigkeit berechnen kann, indem man zum Beispiel einen Kreis durch ein reguläres n-Eck mit großer Eckenzahl annähert. Man erhält: $\pi = 3{,}141\,59\ldots$
Dein Taschenrechner hat eine eigene Taste (oder SHIFT-Funktion) für die Zahl π. Probiere sie aus, du erhältst: 3,141 592 7…

Beispiel: Welchen Umfang hat ein Kreis mit dem Radius 50 cm?
$u = 2\pi r = 100\,\pi$ cm (exakte Antwort)
$u = 314$ cm (für praktische Zwecke)

Für den Flächeninhalt eines Kreises mit Radius r gilt:

MERKE Kreisfläche $A_K = \pi r^2$

Beispiel: Ein Kreis mit dem Radius 5 (LE) hat die Fläche $A_K = 25\pi$ (FE) oder $A_K \approx 78{,}5$(FE).

2 Kreissektor

Ein Kreissektor ist ein Bruchteil eines Kreises. Dies gilt sowohl für die Sektorfläche A_S als auch für die Bogenlänge b. Der Anteil des ganzen Kreises ist gegeben durch $\frac{\alpha}{360°}$:

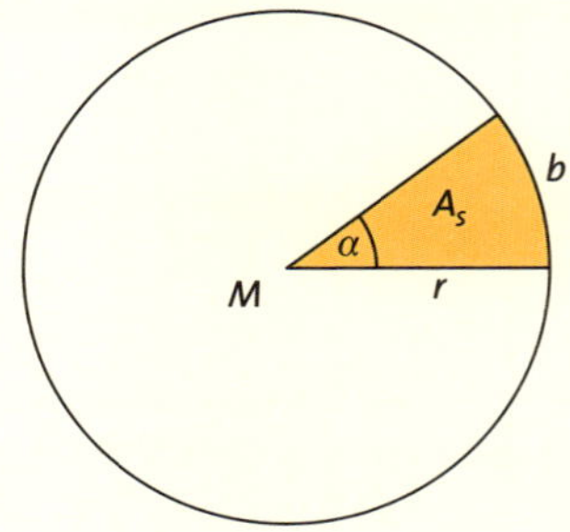

MERKE Sektorfläche

$$A_S = \frac{\alpha}{360°} \cdot A_K = \frac{\alpha}{360°} \cdot \pi r^2$$

Bogenlänge: $b = \frac{\alpha}{360°} \cdot u = \frac{\alpha}{360°} \cdot 2\pi r$

Beispiel: Für einen Kreissektor mit dem Radius 5 (LE) und dem Mittelpunktswinkel 60° gilt:

$$A_S = \frac{60°}{360°} \cdot \pi \cdot 25 = \frac{25}{6}\pi \approx 13{,}1 \text{ (FE)}$$
$$b = \frac{60°}{360°} \cdot 2\pi \cdot 5 = \frac{5}{3}\pi \approx 5{,}2 \text{ (LE)}$$

3 Kreissegment

Ein Kreissektor lässt sich in ein Kreissegment und ein Dreieck zerlegen. Der Flächeninhalt des Segments ist deshalb:

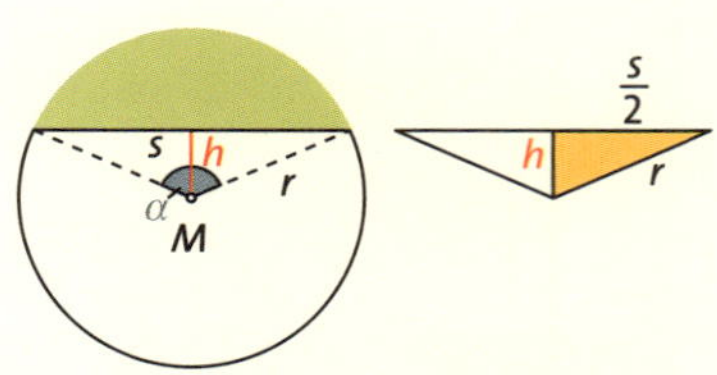

MERKE Kreissegment

$$A_{SG} = A_S - A_\triangle = \frac{\alpha}{360°}\pi r^2 - \frac{1}{2} sh$$

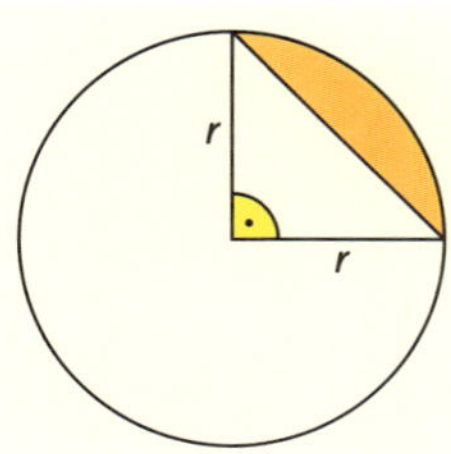

Beispiel: Für ein Kreissegment mit Radius r und $\alpha = 90°$ gilt:

$$A_{SG} = A_S - A_\triangle = \frac{1}{4}\pi r^2 - \frac{1}{2} r^2$$
$$A_{SG} = \frac{1}{4} r^2 (\pi - 2)$$

Geometrische Körper

1 Die Pyramide

Eine n-seitige **Pyramide** entsteht, wenn die Punkte eines ebenen Vielecks (n-Ecks) mit einem nicht in seiner Ebene gelegenen Punkt S (Spitze) verbunden werden.

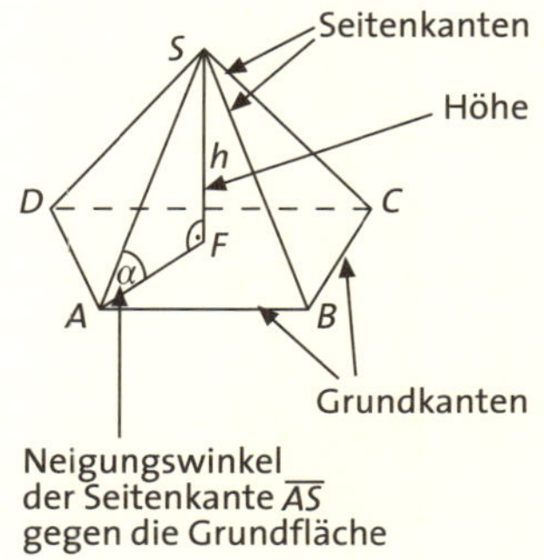

Sonderfälle

a) *Gerade Pyramide:* Pyramide mit lauter gleich langen Seitenkanten

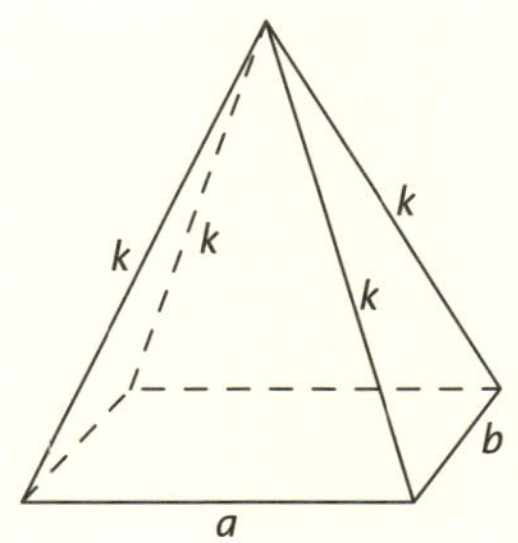

b) *Reguläres Tetraeder:* Dreiseitige Pyramide mit gleich langen Kanten

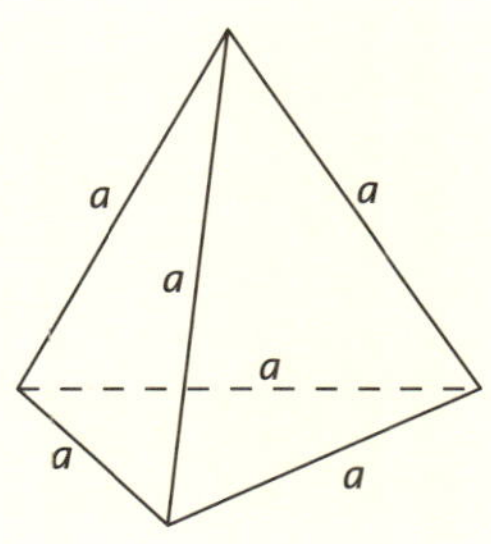

c) *Reguläres Oktaeder:* Vierseitige Doppelpyramide mit gleich langen Kanten

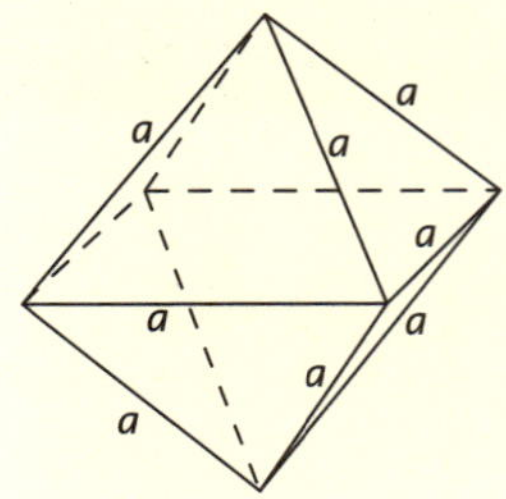

Für das Volumen einer Pyramide mit Höhe h und Grundflächeninhalt G gilt: $V = \frac{1}{3} G \cdot h$.

Die Summe der Flächeninhalte der seitlichen Dreiecke wird Mantelfläche M genannt.
Für die Oberfläche einer Pyramide gilt: $O = G + M$.

2 Der Zylinder

Ein Zylinder wird begrenzt von drei Flächen:

1 der Grund- und Deckfläche – zwei parallel zueinander liegenden, deckungsgleichen Kreisflächen sowie

2 der Mantelfläche – sie wird aus parallelen Strecken gebildet, die die Grund- und Deckfläche miteinander verbinden. Ein Zylinder heißt gerade, wenn Grund- und Mantelfläche senkrecht aufeinanderstehen, sonst heißt er schief.

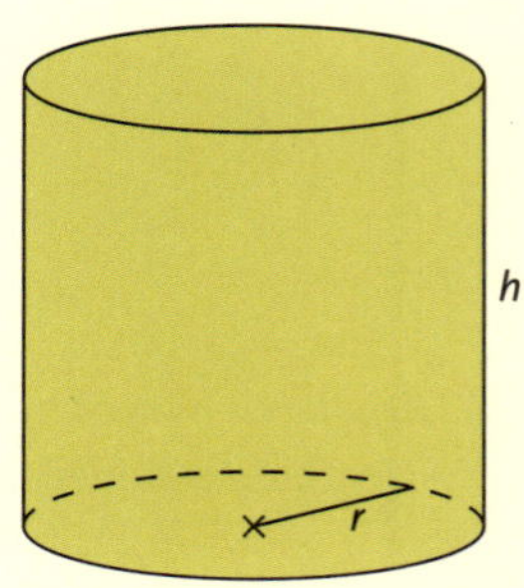

2.1 Oberfläche

Wir behandeln nur gerade Zylinder.

$O = 2 \cdot G + M$

$O = 2\pi r^2 + 2\pi rh$

Netz des Zylinders:

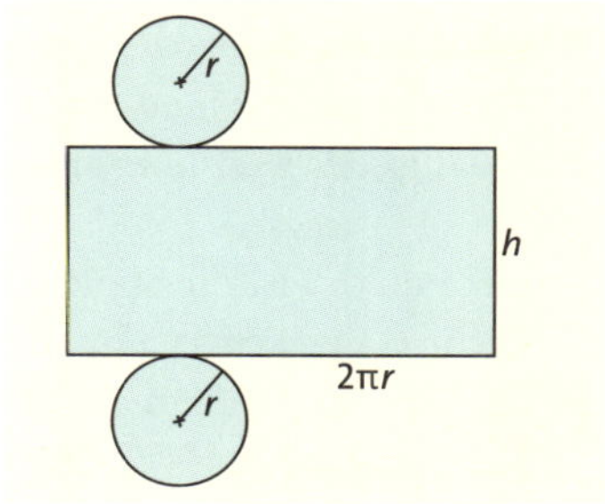

2.2 Volumen

Ein Zylinder hat das gleiche Volumen wie ein Quader mit gleicher Grundfläche G und gleicher Höhe h.

Volumen = Grundfläche · Höhe

$V = G \cdot h$

$V = \pi r^2 h$

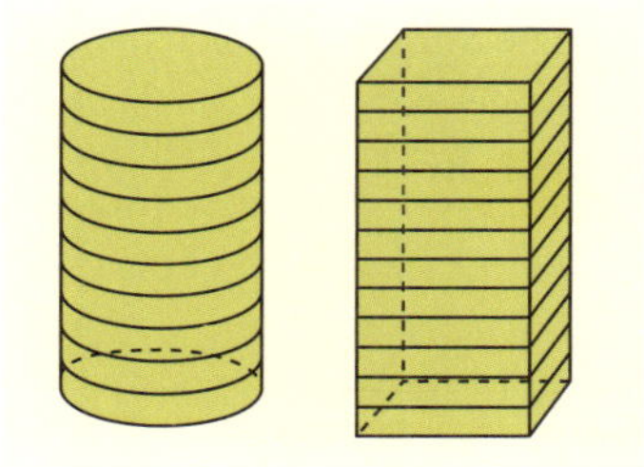

3 Der Kegel

Ein **Kreiskegel** ist bestimmt durch die Kegelspitze S und einen Kreis, der S nicht enthält. Die Kegelfläche entsteht, wenn eine durch S gehende Gerade längs der Kreislinie entlanggleitet.

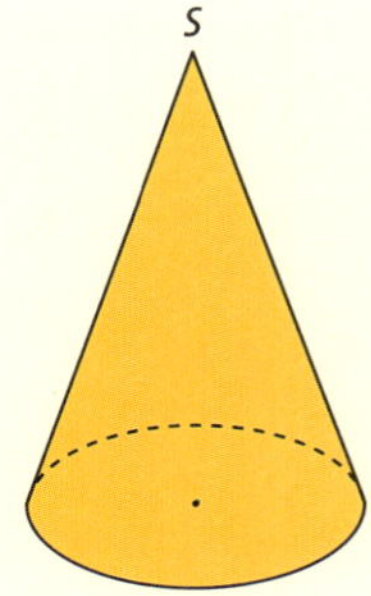

Der Punkt S ist die Spitze, der Kreis die **Grundfläche** G des Kegels. Die von der Spitze S zur Kreislinie verlaufenden Geradenstücke erzeugen den Kegel. Sie heißen **Mantellinien**. Liegen Kegelspitze und Kreismittelpunkt senkrecht übereinander, dann heißt der Kegel **gerade**, sonst **schief**.

3.1 Oberfläche

Die Oberfläche O eines Kegels ist aus zwei Teilen zusammengesetzt: der Grundfläche G und der Mantelfläche M.
Es ist deshalb:
$O = G + M.$
$O = \pi r^2 + \pi r m$

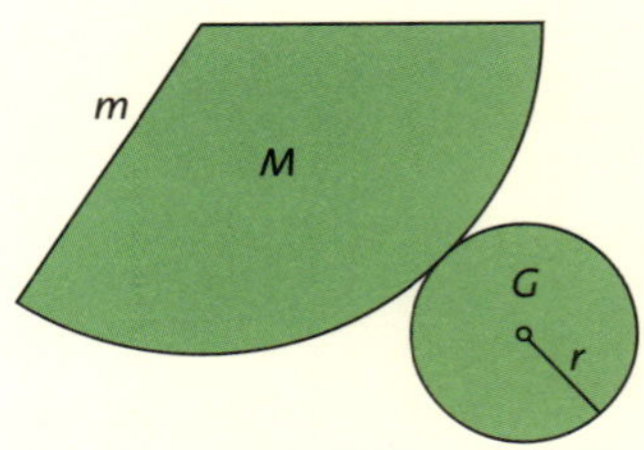

Berechnung der Mantellinie m:
$m^2 = h^2 + r^2$ bzw.
$m = \sqrt{h^2 + r^2}$

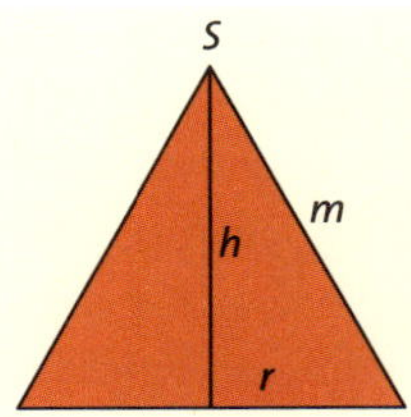

3.2 Volumen

Das Volumen eines Kegels ist genauso groß wie das einer Pyramide, falls Kegel und Pyramide in Höhe und Grundfläche übereinstimmen. Somit gilt:

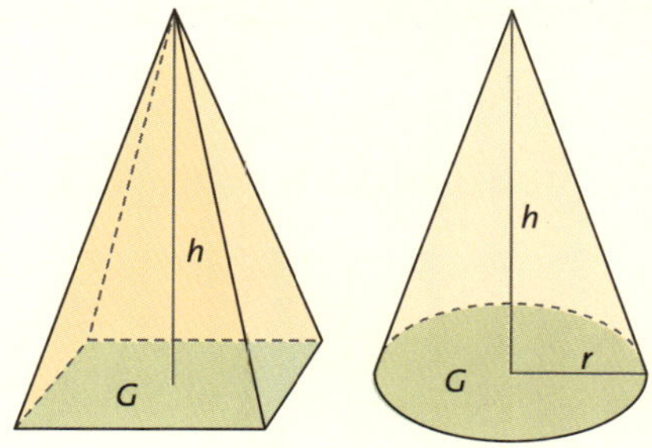

$V = \frac{1}{3} G \cdot h$ bzw.

$V = \frac{1}{3} \pi r^2 h$

Beispiel: Ein Kegel hat den Radius 3 cm und die Höhe 6 cm.

$$V = \frac{1}{3}(3\,\text{cm})^2 \cdot \pi \cdot 6\,\text{cm} = 18\pi\,\text{cm}^3 \approx 56{,}5\,\text{cm}^3$$

$$m = \sqrt{(3\,\text{cm})^2 + (6\,\text{cm})^2} = \sqrt{45\,\text{cm}^2} = 3\sqrt{5}\,\text{cm}$$

$$O = \pi(3\,\text{cm})^2 + \pi \cdot 3\,\text{cm} \cdot 3\sqrt{5}\,\text{cm} = 9\pi(1 + \sqrt{5})\,\text{cm}^2 \approx 91{,}5\,\text{cm}^2$$

4 Die Kugel

Die Kugel ist ein Körper und wird begrenzt durch die Kugelfläche.

Alle Punkte der Kugelfläche sind von einem festen Punkt M gleich weit entfernt. M ist der Kugelmittelpunkt. Die konstante Entfernung ist der Radius r der Kugel. Du kannst dir auch eine Kugel durch Rotation eines Kreises um den Durchmesser entstanden denken.

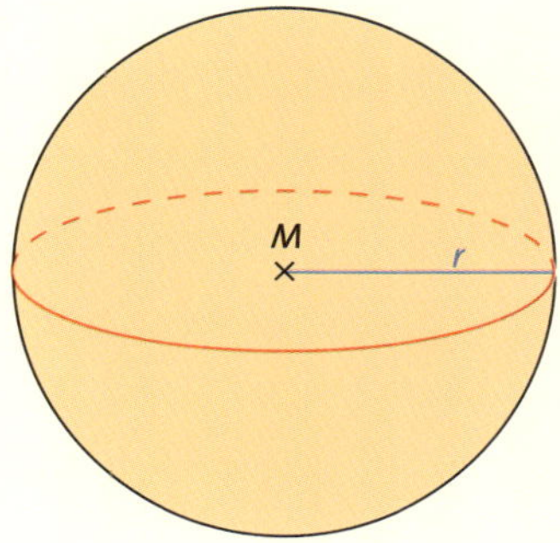

Für eine Kugel mit Radius r gilt:

Oberfläche: $O = 4 \cdot \pi r^2$

Volumen: $V = \frac{4}{3} \pi r^3$

1 Winkelfunktionen im rechtwinkligen Dreieck

1.1 Sinus, Kosinus, Tangens

In rechtwinkligen Dreiecken sind die Seitenverhältnisse nur von den Winkeln abhängig. Die Größe eines Winkels im rechtwinkligen Dreieck lässt sich daher durch Angabe eines Seitenverhältnisses (Winkelfunktion) festlegen. Von den sechs Seitenverhältnissen ($a : c$; $b : c$; $a : b$; $b : a$; $c : b$; $c : a$) werden nur die ersten 3 Verhältnisse benötigt, weil die anderen drei die Kehrwerte der übrigen sind.

MERKE

$$\sin \alpha = \frac{a}{c} = \frac{\text{Gegenkathete}}{\text{Hypotenuse}}$$

$$\cos \alpha = \frac{b}{c} = \frac{\text{Ankathete}}{\text{Hypotenuse}}$$

$$\tan \alpha = \frac{a}{b} = \frac{\text{Gegenkathete}}{\text{Ankathete}}$$

sin = Sinus
cos = Kosinus
tan = Tangens

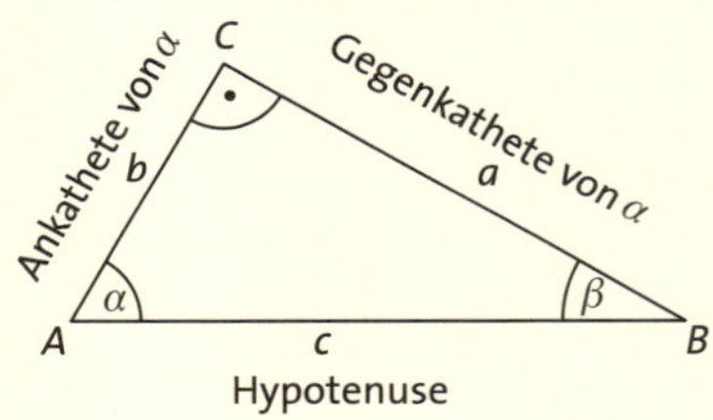

Beispiele:

a) Berechnung der Zahlenwerte der Winkelfunktionen (Seitenverhältnisse) für die Winkel 30° und 60°:
Wir unterteilen das gleichseitige Dreieck in zwei rechtwinklige Dreiecke.

PYTHAGORAS: $h = \sqrt{a^2 - (\frac{a}{2})^2} = \frac{a}{2}\sqrt{3}$

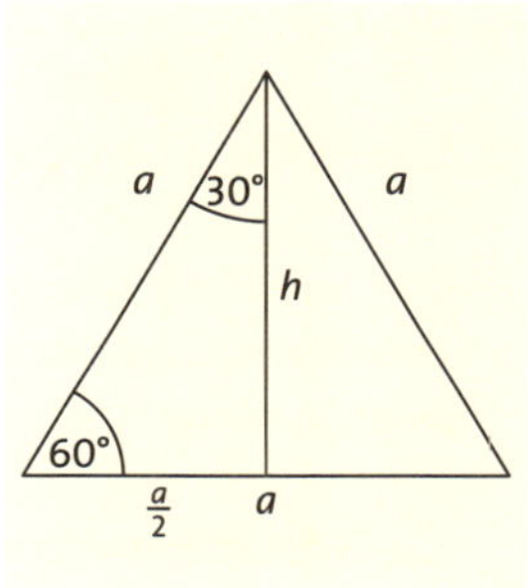

$$\sin 60° = \frac{h}{a} = \frac{\frac{a}{2}\sqrt{3}}{a} = \frac{1}{2}\sqrt{3} = \cos 30°$$

$$\cos 60° = \frac{\frac{a}{2}}{a} = \frac{1}{2} = \sin 30°$$

$$\tan 60° = \frac{\frac{a}{2}\sqrt{3}}{\frac{a}{2}} = \sqrt{3}$$

$$\cot 60° = \frac{\frac{a}{2}}{\frac{a}{2}\sqrt{3}} = \frac{1}{3}\sqrt{3}$$

b) Berechnung der Zahlenwerte der Winkelfunktionen (Seitenverhältnisse) für den Winkel 45°:

PYTHAGORAS: $c = \sqrt{a^2 + a^2} = a\sqrt{2}$

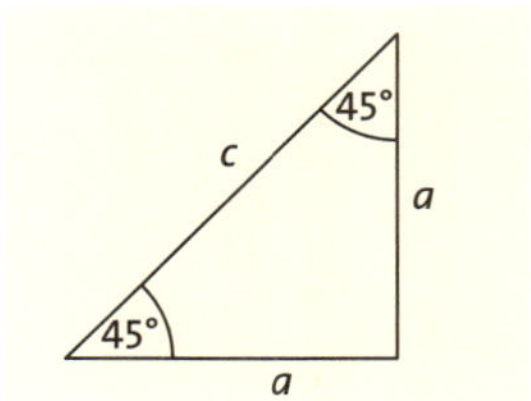

$$\sin 45° = \frac{a}{c} = \frac{a}{a\sqrt{2}} = \frac{1}{2}\sqrt{2} = \cos 45°$$

$$\tan 45° = \frac{a}{a} = 1$$

In der folgenden Tabelle sind diese Werte (zusammen mit naheliegenden Festlegungen für 0° und 90°) zusammengefasst.

α in °	0°	30°	45°	60°	90°
$\sin\alpha$	0	$\frac{1}{2}$	$\frac{1}{2}\sqrt{2}$	$\frac{1}{2}\sqrt{3}$	1
$\cos\alpha$	1	$\frac{1}{2}\sqrt{3}$	$\frac{1}{2}\sqrt{2}$	$\frac{1}{2}$	0
$\tan\alpha$	0	$\frac{1}{2}\sqrt{3}$	1	$\sqrt{3}$	nicht definiert

Die sin-, cos-, tan-Werte beliebiger Winkel sind im Allgemeinen irrationale Zahlen. Näherungswerte können mit großer Genauigkeit mit dem Taschenrechner bestimmt werden.

Beispiel: So rufst du cos 30° ab:

1 Taschenrechner auf DEG einstellen
2 Eingabe der Tastenfolge: [cos] 30 [=]
3 Als Ergebnis erscheint: 0,8660254…
Also gilt: cos 30° = 0,866 025 4…

Um aus einem bekannten Seitenverhältnis (d. h. bekannten sin α, cos α oder tan α) den Winkel α zu bestimmen, benötigt man die Umkehrfunktion $\sin^{-1}$, $\cos^{-1}$, $\tan^{-1}$.

MERKE Für $0 \leqq \alpha \leqq 90°$ gilt:

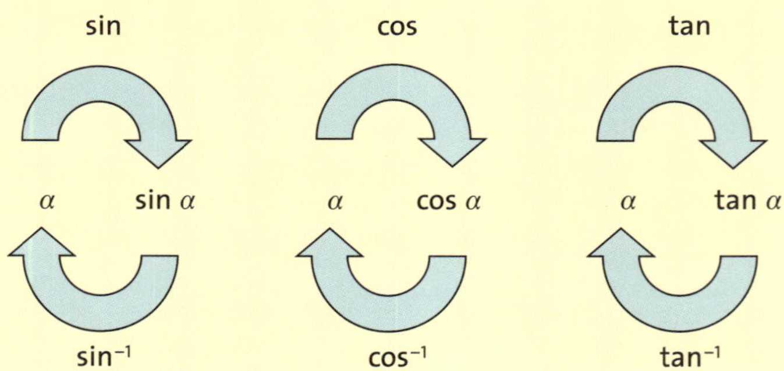

Diese Umkehrfunktionen sind ebenfalls im Taschenrechner programmiert. Man erhält sie meistens durch Drücken von SHIFT und der entsprechenden Winkelfunktionstaste.

Beispiel: So rufst du zu sin α = 0,6 den zugehörigen Winkel α ab:

1 Taschenrechner auf DEG einstellen.
2 Je nach Taschenrechner die Tastenfolge: [SHIFT] [sin] oder [2nd] [sin] oder [inv] [sin]
3 Eingabe: 0,6
4 [=] 36,869897…
also: $\sin^{-1} 0{,}6 \approx 36{,}87°$

1.2 Beispiele für Dreiecksberechnungen

a) Gegeben:
$\alpha = 90°$; $\beta = 27°$; $c = 4\,\text{cm}$
Gesucht: a
a ist Hypotenuse,
c ist Ankathete von β.
Also verwenden wir die Kosinusfunktion.
$\cos\beta = \frac{c}{a} \Rightarrow a = \frac{c}{\cos\beta} = \frac{4\,\text{cm}}{\cos 27°}$
$= 4{,}49\,\text{cm}$

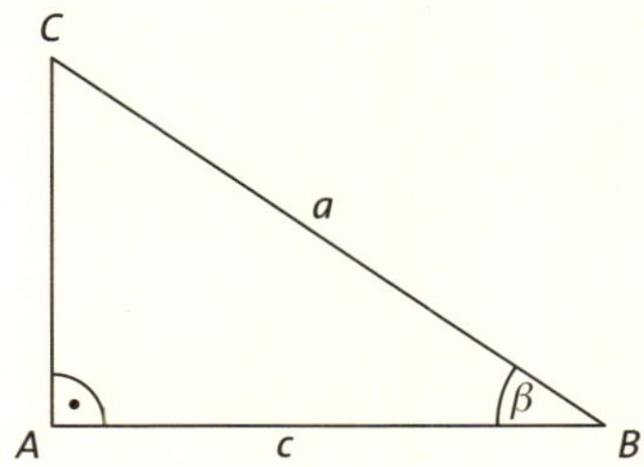

b) Gegeben:
$\alpha = 90°$; $b = 2\,\text{cm}$; $c = 3{,}6\,\text{cm}$
Gesucht: γ
b ist Ankathete von γ, c ist die Gegenkathete von γ.
Also verwenden wir die Tangensfunktion.
$\tan\gamma = \frac{c}{b} = \frac{3{,}6\,\text{cm}}{2\,\text{cm}} = 1{,}8$
$\gamma = \tan^{-1} 1{,}8 \approx 60{,}95°$.

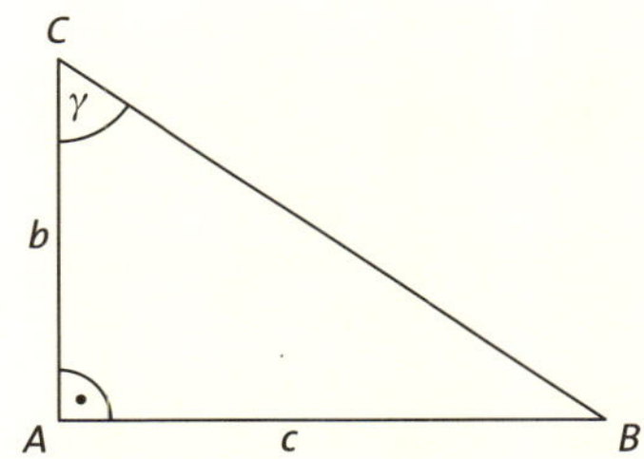

2 Anwendungen

Beispiel: Der Anfang einer mit 9° ansteigenden Rampe ist 6,50 m von einer Lagerhalle entfernt. Wie lang ist der Fahrweg auf der Rampe?

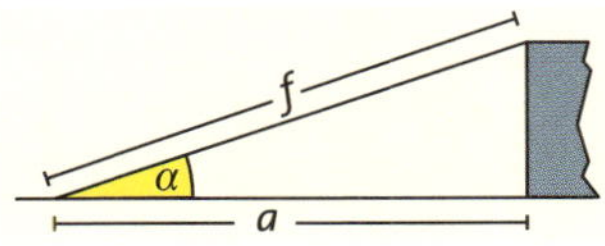

Gegeben: $\alpha = 9°$, $a = 6{,}50\,\text{m}$
Gesucht: Fahrweglänge f
Situation: a ist Ankathete von α.
Berechnung: f ist Hypotenuse.

$$\cos\alpha = \frac{\text{Ankathete von } \alpha}{\text{Hypotenuse}} = \frac{a}{f}$$

Die Gleichung muss nach f aufgelöst werden.

$$f = \frac{a}{\cos\alpha} = \frac{6{,}50}{\cos 9°} = 6{,}58$$

Antwort: Die Fahrweglänge auf der Rampe beträgt 6,58 m.

3 Sinus und Kosinus als Funktion beliebiger Winkel

Wir betrachten einen Punkt R mit Winkel α auf dem Einheitskreis. (Radius = 1 cm) im I. Quadranten. Für den Punkt R gilt:
Seine x-Koordinate ist $\cos \alpha$,
seine y-Koordinate ist $\sin \alpha$.
Die Koordinaten des Punktes R lassen sich also auch so notieren: $R(\cos\alpha; \sin\alpha)$.

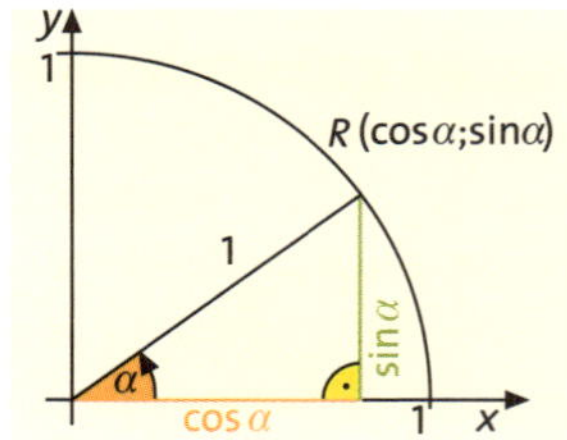

Verallgemeinerung: Für beliebige Winkel α gilt:

$\cos \alpha = x$-Koordinate
$\sin \alpha = y$-Koordinate
} des Punktes R mit dem Winkel α auf dem Einheitskreis

Beispiel: $\alpha = 130°$

R liegt hier links von der y-Achse, seine x-Koordinate ist also negativ, d. h., cos 130° ist negativ.
Der Taschenrechner liefert:
$\cos 130° = -0{,}6427\ldots$
R liegt oberhalb der x-Achse, seine y-Koordinate ist also positiv, d. h., sin 130° ist positiv.
Der Taschenrechner liefert:
$\sin 130° = 0{,}7660\ldots$

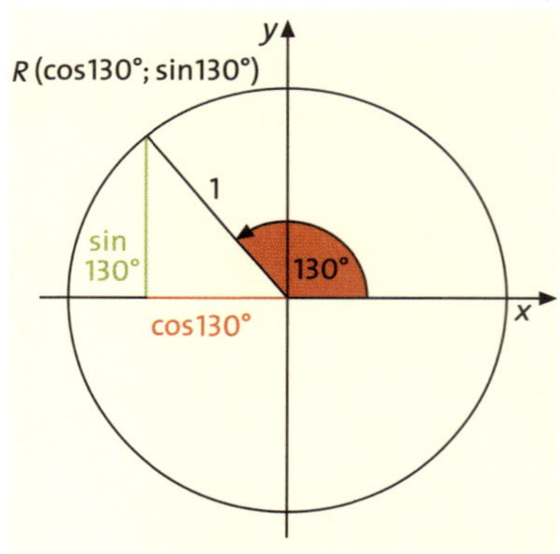

Am vollständigen Einheitskreis kannst du folgende Sonderfälle ablesen:

$\alpha = 0°$	ergibt $R(1; 0)$.	Also: $\cos 0° = 1$	und $\sin 0° = 0$.
$\alpha = 90°$	ergibt $R(0; 1)$.	Also: $\cos 90° = 0$	und $\sin 90° = 1$.
$\alpha = 180°$	ergibt $R(-1; 0)$.	Also: $\cos 180° = -1$	und $\sin 180° = 0$.
$\alpha = 270°$	ergibt $R(0; -1)$.	Also: $\cos 270° = 0$	und $\sin 270° = -1$.
$\alpha = 360°$	ergibt $R(1; 0)$.	Also: $\cos 360° = 1$	und $\sin 360° = 0$.

Willst du nun $\alpha = 390°$ antragen, bist du nach 360° wieder an der Ausgangsstelle und brauchst nur noch 30° anzutragen. D. h., der durch $\alpha = 390°$ bestimmte Punkt R ist derselbe wie der durch $\alpha = 30°$ bestimmte.

Also gilt: $\sin 390° = \sin(360° + 30°) = \sin 30°$
$\cos 390° = \cos(360° + 30°) = \cos 30°$

Entsprechend gilt: $\sin 470° = \sin(360° + 110°) = \cos 110°$
$\cos 610° = \cos(360° + 250°) = \cos 250°$

MERKE $\sin(360° + \alpha) = \sin \alpha$
$\cos(360° + \alpha) = \cos \alpha$

Da sich die Sinus- und Kosinuswerte nach 360° jeweils wiederholen, nennt man sie sin und cos **periodisch**. Die Periodenlänge beträgt 360°. Willst du $\alpha = 790°$ antragen, dann bist du nach 360° zum ersten Mal, nach 720° zum zweiten Mal wieder an der Ausgangsstelle und brauchst dann nur noch 70° anzutragen. Mit dieser Überlegung kannst du jeden Winkel auf einen Winkel zwischen 0° und 360° zurückführen.

Positive Winkel werden gegen den Uhrzeigersinn an die x-Achse angetragen. *Negative* Winkel werden mit dem Uhrzeigersinn angetragen.

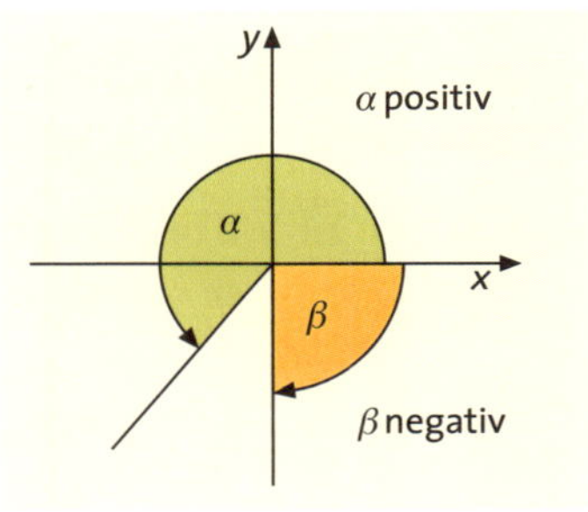

Der Winkel –50° liefert denselben Punkt R wie der Winkel 310°.
Also gilt:

$\sin(-50°) = \sin(-50° + 360°)$
$= \sin 310°$
$\cos(-50°) = \cos(-50° + 360°)$
$= \cos 310°$

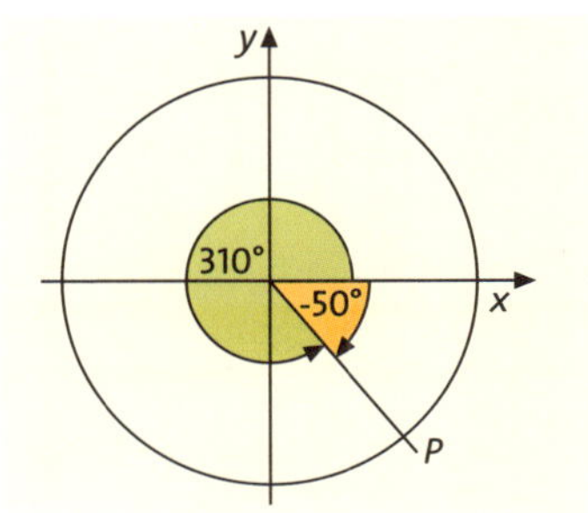

Die Definition $\sin \alpha = \sin(360° + \alpha)$ und $\cos \alpha = \cos(360° + \alpha)$ gilt also auch für negative Winkel. Damit lassen sich auch die Sinus- und Kosinuswerte negativer Winkel auf die Sinus- und Kosinuswerte von Winkeln zwischen 0° und 360° zurückführen.

Beispiel: Zurückgeführte Winkelmaße überprüfen:
$\sin(-112°) = \sin(360° + (-112°)) = \sin 248°$
Taschenrechner: $\sin(-112°) = -0{,}9271\ldots$
$\sin 248° = -0{,}9271\ldots$

4 Berechnungen an allgemeinen Dreiecken

4.1 Sinussatz

In einem beliebigen Dreieck gilt: Die Längen zweier Seiten verhalten sich zueinander wie die Sinuswerte ihrer Gegenwinkel.

$\frac{a}{b} = \frac{\sin \alpha}{\sin \beta} \quad \frac{a}{c} = \frac{\sin \alpha}{\sin \gamma} \quad \frac{b}{c} = \frac{\sin \beta}{\sin \gamma}$

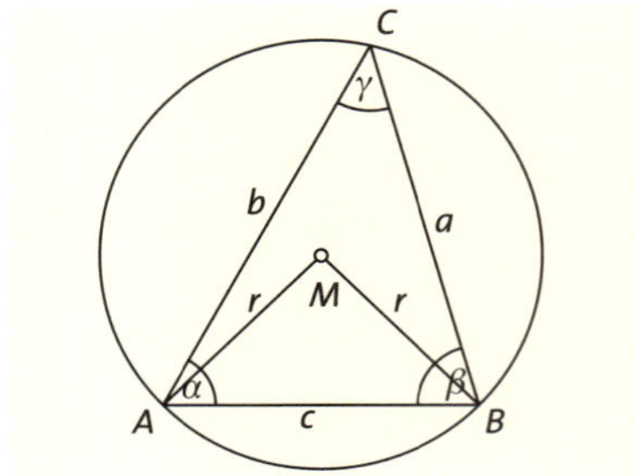

Durch Umstellung findet man u. a. folgende Formeln:

$a = \frac{b \cdot \sin \alpha}{\sin \beta} = \frac{c \cdot \sin \alpha}{\sin \gamma}$

Für den Umkreisdurchmesser gilt:

$\frac{a}{\sin \alpha} = \frac{b}{\sin \beta} = \frac{c}{\sin \gamma} = 2r$

4.2 Flächeninhalt beliebiger Dreiecke

In jedem Dreieck lässt sich die Fläche wie folgt bestimmen.

$A = \frac{a \cdot b}{2} \cdot \sin \gamma \qquad A = \frac{a \cdot c}{2} \cdot \sin \beta \qquad A = \frac{b \cdot c}{2} \cdot \sin \alpha$

4.3 Höhen

$h_a = b \cdot \sin \gamma = c \cdot \sin \beta$

$h_b = a \cdot \sin \gamma = c \cdot \sin \alpha$

$h_c = b \cdot \sin \alpha = a \cdot \sin \beta$

4.4 Kosinussatz

In einem beliebigen Dreieck gilt: Das Quadrat einer Seite ist gleich der Summe der Quadrate der beiden anderen Seiten, vermindert um das doppelte Produkt aus beiden Seiten und dem Kosinus des eingeschlossenen Winkels.

$a^2 = b^2 + c^2 - 2b \cdot c \cdot \cos\alpha$

$b^2 = a^2 + c^2 - 2a \cdot c \cdot \cos\beta$

$c^2 = a^2 + b^2 - 2a \cdot b \cdot \cos\gamma$

Sonderfall: $\gamma = 90°$

$c^2 = a^2 + b^2$ (Satz des PYTHAGORAS)

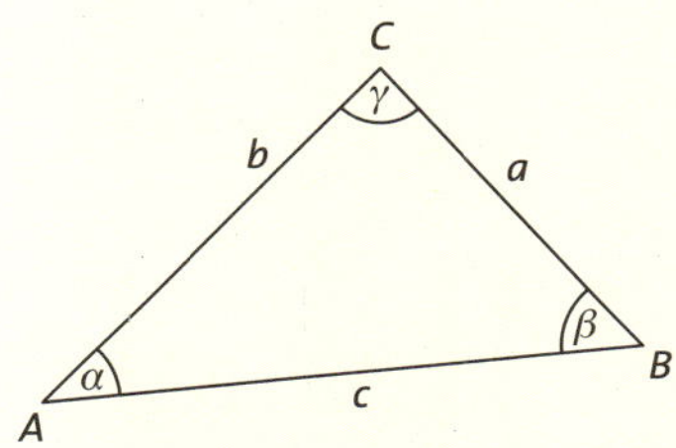

Durch Umstellung ergeben sich u. a. folgende Formeln:

$$a = \sqrt{b^2 + c^2 - 2bc \cdot \cos\alpha}$$

$$\cos\alpha = \frac{b^2 + c^2 - a^2}{2bc}$$

5 Beispiele für die Anwendung von Sinus- und Kosinussatz

5.1 Vier Hauptfälle der Dreiecksberechnung

Wir haben diese schon im Kapitel Kongruenzsätze kennengelernt.
Sie werden nach den gegebenen Größen benannt:

1. 3 Seiten sss (Ansatz zur Lösung: Kosinussatz)
2. 2 Seiten und der eingeschlossene Winkel sws (Ansatz zur Lösung: Kosinussatz)
3. 1 Seite und 2 anliegende Winkel wsw (Ansatz zur Lösung: Sinussatz)
4. 2 Seiten und anliegender Winkel ssw (Ansatz zur Lösung: Sinussatz)

Die Fälle 1 bis 3 liefern stets eindeutige Ergebnisse, im Fall 4 muss man eine Fallunterscheidung treffen.

Zu 1. sss

Gegeben: $a = 3\,\text{cm}$; $b = 4\,\text{cm}$; $c = 5\,\text{cm}$
Gesucht: α, β, γ
Ansatz zur Lösung mit Kosinussatz

(1) $\cos\alpha = \dfrac{4^2 + 5^2 - 3^2}{2 \cdot 4 \cdot 5} = 0{,}8$

$\alpha \approx 36{,}87°$

Weiter mit Kosinussatz oder auch Sinussatz:

(2) $\sin\beta = \dfrac{4 \cdot \sin 36{,}87°}{3} = 0{,}8$

$\beta \approx 53{,}13°$

(3) $\sin\gamma = \dfrac{5 \cdot \sin 36{,}87°}{3} = 1$

$\gamma = 90°$

Probe:
$\alpha + \beta + \gamma = 36{,}87° + 53{,}13° + 90° = 180°$

Es wird einsichtig: Durch Zeichnung gewonnene (konstruierbare) Dreiecke sind auch berechenbar.

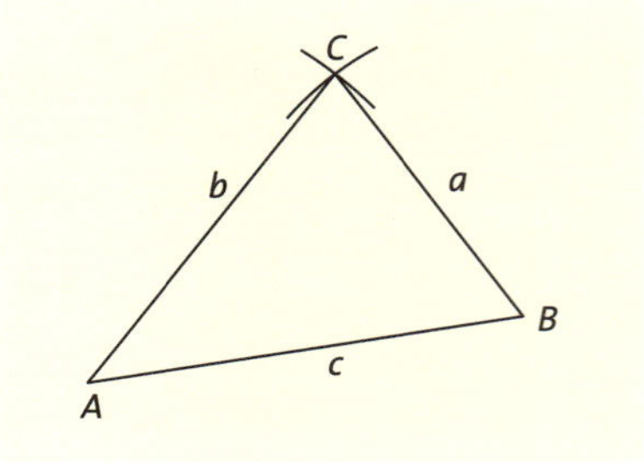

Zu 2. sws

Gegeben: $a = 6\,\text{cm}$; $b = 3\,\text{cm}$; $\gamma = 25°$
Gesucht: c, α, β
Ansatz zur Lösung mit Kosinussatz

(1) $c = \sqrt{6^2 + 3^2 - 2 \cdot 6 \cdot 3 \cdot \cos 25°}$

$c \approx 3{,}52\,\text{cm}$

Weiter mit Sinussatz:

(2) $\sin(180° - \alpha) = \dfrac{6 \cdot \sin 25°}{3{,}52}$

$\approx 0{,}72$

$180° - \alpha \approx 46{,}1°$

$\alpha \approx 133{,}9°$

(3) $\sin\beta = \dfrac{3 \cdot \sin 25°}{3{,}52} \approx 0{,}36$

$\beta \approx 21{,}1°$

Probe:
$\alpha + \beta + \gamma = 133{,}9° + 21{,}1° + 25° = 180°$

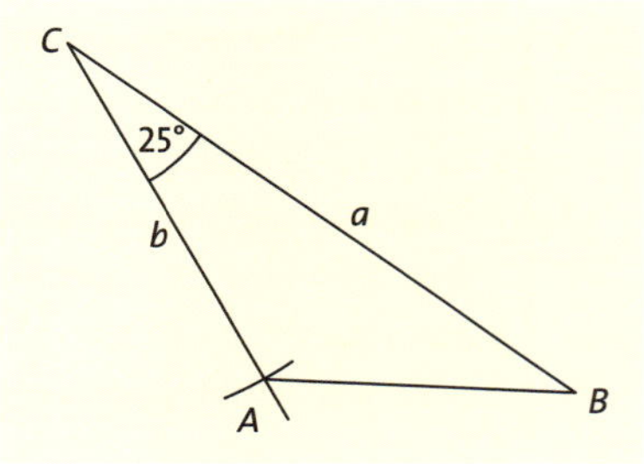

Zu 3. wsw

Gegeben: $a = 7\,\text{cm}$; $\beta = 35°$; $\gamma = 62°$

Gesucht: α, b, c

Ansatz zur Lösung mit Sinussatz

(1) $\alpha = 180° - 35° - 62° = 83°$

(2) $b = \dfrac{7 \cdot \sin 35°}{\sin 83°} \approx 4{,}05\,\text{cm}$

(3) $c = \dfrac{7 \cdot \sin 62°}{\sin 83°} \approx 6{,}23\,\text{cm}$

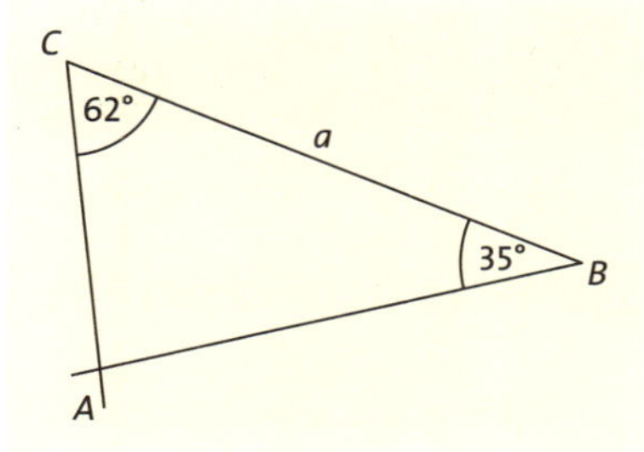

Zu 4. ssw

Gegeben: z. B. b, c, β

Gesucht: a, α, γ

Ansatz zur Lösung mit Sinussatz:

(1) $\sin \gamma = \dfrac{c \cdot \sin \beta}{b}$

Fallunterscheidung:

1. Fall: $\sin \gamma > 1$: Es existiert kein Dreieck mit den gegebenen Größen.

2. Fall: $\sin \gamma = 1$: Das gesuchte Dreieck ist rechtwinklig.

3. Fall: $\sin \gamma < 1$: Hierbei können zwei verschiedene Fälle auftreten:

a) Der gegebene Winkel liegt gegenüber der größeren der gegebenen Seiten. Es existiert ein solches Dreieck.

b) Der gegebene Winkel liegt gegenüber der kleineren der gegebenen Seiten. Es existieren zwei solche Dreiecke.

(2) $\alpha = 180° - (\beta + \gamma)$

(3) $a = \dfrac{b \cdot \sin \alpha}{\sin \beta}$

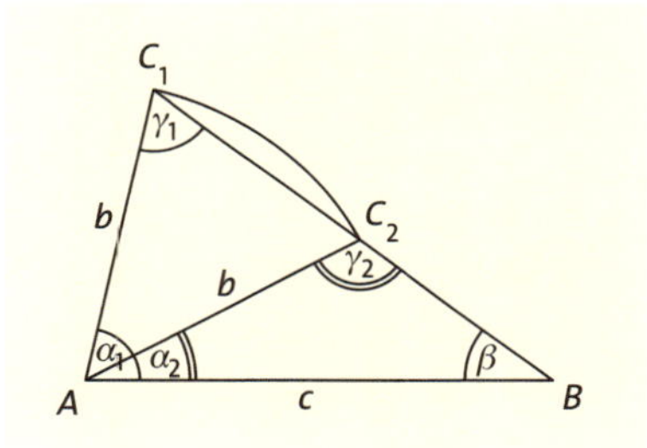

Stochastik

1 BERNOULLI-Experimente

MERKE Ein Zufallsexperiment mit nur zwei möglichen Ergebnissen nennt man ein BERNOULLI-Experiment. Bei einem BERNOULLI-Experiment wird oft das eine (gewünschte) Ergebnis als Treffer, das andere als Nichttreffer oder Niete bezeichnet.

Beispiele:

- Das Werfen einer Münze.
- Das Schießen beim Biathlon (1 Schuss).
- Das Würfeln, wenn man z. B. 6 als Treffer betrachtet und alle anderen Augenzahlen als Niete.
- Das Ziehen aus einer Urne mit zwei verschiedenen Sorten von Kugeln.

BERNOULLI-Ketten

Führt man n unabhängige BERNOULLI-Experimente mit gleich bleibender Trefferwahrscheinlichkeit p hintereinander aus, erhält man eine Kette von Ergebnissen.

MERKE Ein Kette von n unabhängigen, gleichen BERNOULLI-Experimenten mit Trefferwahrscheinlichkeit p heißt BERNOULLI-Kette der Länge n mit Parameter p.

Beispiel: Ein BERNOULLI-Experiment mit Trefferwahrscheinlichkeit $p = 0{,}2$ wird dreimal (also $n = 3$) hintereinander ausgeführt.

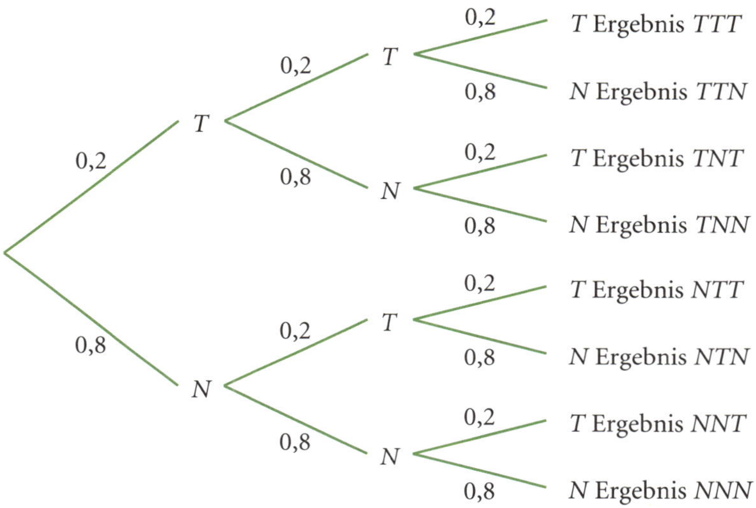

Wie groß ist die Wahrscheinlichkeit für genau zwei Treffer in festgelegter Reihenfolge, z. B. *TNT*?
Nach der 1. Pfadregel erhält man: $P(TNT) = p^2 \cdot (1 - p) = 0{,}2^2 \cdot 0{,}8 = 0{,}032$.
Die Wahrscheinlichkeit für jeden anderen Pfad mit genau zwei Treffern ist ebenso groß.

Wie groß ist die Wahrscheinlichkeit für genau zwei Treffer bei beliebiger Reihenfolge?
Nach der 2. Pfadregel muss man die Wahrscheinlichkeiten für alle Pfade mit zwei Treffern addieren:
$P(\text{genau 2 Treffer}) = P(TTN) + P(TNT) + P(NTT) = 3 \cdot 0{,}032 = 0{,}096$.

Wir betrachten nun den allgemeinen Fall, d. h. eine BERNOULLI-Kette mit Trefferwahrscheinlichkeit p und Kettenlänge n.
Wie groß ist die Wahrscheinlichkeit für genau k Treffer in festgelegter Reihenfolge?

Auf einem Pfad mit k Treffern gibt es $n - k$ Nieten.
Nach der 1. Pfadregel gilt:
P(auf einem Pfad genau k Treffer) = $p^k \cdot (1 - p)^{n-k}$.

Wie groß ist die Wahrscheinlichkeit für genau k Treffer in beliebiger Reihenfolge?
Nach der 2. Pfadregel muss man die Wahrscheinlichkeiten für alle Pfade mit k Treffern addieren. Wie viele solche Pfade gibt es?
$\binom{n}{k} = \frac{n!}{k!(n-k)!}$ mit $n! = 1 \cdot 2 \cdot 3 \cdot \ldots \cdot n$; $1! = 1$; $0! = 1$
Ein Term $\binom{n}{k}$ heißt Binomialkoeffizient und wird ausgesprochen als „k aus n" oder „n über k". Er lässt sich mit der nCr-Funktion des Taschenrechners berechnen.
$n!$ wird ausgesprochen „n Fakultät". Auch dafür hat der Taschenrechner eine Taste bzw. Funktion.

Multiplizieren wir die Wahrscheinlichkeit auf einem Pfad mit der Anzahl der Pfade, so erhalten wir:

MERKE Wahrscheinlichkeit für genau k Treffer in beliebiger Reihenfolge:
P (genau k Treffer) = $\binom{n}{k} \cdot p^k \cdot (1 - p)^{n-k}$ $\quad (0 \leqq k \leqq n)$

Beispiel: Wir bleiben beim obigen Beispiel mit $p = 0{,}2$; $k = 2$ und $n = 3$.

P (genau 2 Treffer) = $\binom{3}{2} \cdot 0{,}2^2\ (1 - 0{,}2)^{3-2} = \frac{3!}{2!(3-2)!} \cdot 0{,}04 \cdot 0{,}8$

$= 3 \cdot 0{,}032 = 0{,}096$

Verzeichnis der Zeichen und Abkürzungen

Bedeutung	Bezeichnungen in diesem Buch	abweichende Bezeichnung in anderen Büchern
Menge der natürlichen Zahlen	$\mathbb{N} = \{1; 2; 3; \ldots\}$	$\mathbb{N} = \{0; 1; 2; \ldots\}$ $\mathbb{N}^* = \{1; 2; 3; \ldots\}$
Menge der ganzen Zahlen	$\mathbb{Z} = \{0; \pm 1; \pm 2; \ldots\}$	
Mächtigkeit (Zahl der Elemente) von A	$\lvert A \rvert$	
Menge der rationalen Zahlen	$\mathbb{Q}$	
Menge der nichtnegativen rationalen Zahlen	$\mathbb{Q}^+$	
Menge der positiven rationalen Zahlen	$\mathbb{Q}_0^+$	
Menge der reellen Zahlen	$\mathbb{R}$	
Menge der nichtnegativen reellen Zahlen	$\mathbb{R}_0^+$	
Menge der positiven reellen Zahlen	$\mathbb{R}^+$	
Grundmenge	G	$\mathbb{G}$
Lösungsmenge	L	$\mathbb{L}$
Definitionsmenge	$\mathbb{D}$	D
Wertmenge	$\mathbb{W}$	W
… ist Element von …	$\in$	
… ist nicht Element von …	$\notin$	
… ist Teilmenge von …	$\subset$	$\subseteq$, $\subseteqq$
… ist nicht Teilmenge von …	$\not\subset$	$\not\subseteq$, $\not\subseteqq$
Leere Menge	$\{\,\}$	$\varnothing$
Parabelscheitelpunkt	$S(-d; e)$	$S(x_S; y_S)$
Zentrische Streckung	$P \xrightarrow{Z;k} P'$	
Punkt mit Koordinaten	$P(2; 3)$	$P(2 \mid 3)$
Strecke von A nach B	$\overline{AB}$	$[AB]$
Länge der Strecke $\overline{AB}$	$\overline{AB}$	$\lvert AB \rvert$
Gerade AB	AB	
F_1 ist ähnlich zu F_2	$F_1 \sim F_2$	
Umfang	u	
Flächeninhalt	A	
Oberfläche	O	A_O
Grundfläche	G	A_G
Mantelfläche	M	A_M
Volumen, Rauminhalt	V	
Umkehrfunktion	f^{-1}	
$1 \cdot 2 \cdot 3 \cdot \ldots \cdot n$	$n!$	

Test 1

zu S. 22–25

1 Gegeben sind die Zahlen $\frac{2}{3}$; $-\sqrt{5}$; π; $\sqrt{3}$; $-1{,}5$.

a) Trage die Zahlen aus $\mathbb{R}$ in die Zahlengerade ein.

b) Ordne anschließend die Zahlen. Beginne mit der kleinsten Zahl.

2 Löse die Gleichungen in der Grundmenge $\mathbb{R}$.

a) $x^2 = 5$ b) $x^2 = 16$ c) $x^2 = 17$ d) $x^2 = -2$

3 Vereinfache durch teilweises Radizieren. Alle Variablen sind positiv.

a) $\sqrt{200}$ b) $\sqrt{75}$ c) $\sqrt{18}$ d) $\sqrt{1000}$

e) $\sqrt{8a^2}$ f) $\sqrt{xy^2z^3}$ g) $\sqrt{50x^3}$ h) $\sqrt{20(a+b)^2}$

4 Radiziere teilweise und fasse dann zusammen, falls möglich.

a) $\sqrt{500} + \sqrt{200}$ b) $\sqrt{50} - \sqrt{200}$ c) $\sqrt{48} - \sqrt{12}$

5 Erweitere so, dass rationale Nenner entstehen.

a) $\frac{2}{\sqrt{3}}$ b) $\frac{5}{\sqrt{7}}$ c) $\frac{2}{\sqrt{2}-2}$ d) $\frac{5}{\sqrt{3}+\sqrt{5}}$

e) $\frac{\sqrt{7}-\sqrt{5}}{\sqrt{7}+\sqrt{5}}$ f) $\frac{1}{2\sqrt{3}+1}$ g) $\frac{a}{\sqrt{a}-\sqrt{b}}$

Test 2

zu S. 26–30

1 Zerlege in Linearfaktoren, falls möglich.

a) $x^2 - x + 4$ b) $x^2 - 10x + 25$ c) $x^2 - 2x - 8$

2 Gib die Lösungsmengen der Gleichungen an.

a) $(x-2)(x+5) = 0$ b) $11x + x^2 = 0$ c) $2b^2 - 2b = 0$

d) $-y^2 + 19 = -30$ e) $7x^2 = 63$ f) $-x^2 + 5 = 0$

g) $x^2 - 4x = 5$ h) $y^2 - 90 = y$ i) $161 = 16a + a^2$

j) $x^2 - 8x + 10 = 0$ k) $x^2 - 6x + 4 = 0$ l) $x^2 = \sqrt{2} - 2$

m) $\sqrt{25 + x^2} = x + 2$ n) $\sqrt{x - 11} = \sqrt{2x - 3}$ o) $\sqrt{2 + 3x} = \sqrt{5x - 2}$

3 Runde die Lösungen auf 2 Dezimalen.
TIPP: Wenn du zuerst die Wurzel berechnest und ihren Wert speicherst, geht es schneller.

a) $x^2 + x - 1 = 0$
b) $x^2 + 2x + \frac{1}{4}$
c) $x^2 + \sqrt{5}x + 1 = 0$
d) $0{,}84x^2 - \frac{1}{3}x - 0{,}21 = 0$
e) $1{,}25x^2 + 0{,}84x - 2 = 0$
f) $2{,}4x^2 - 9{,}1x + 3{,}1 = 0$

4 Eine Strecke *a* soll so geteilt werden, dass das Verhältnis von *a* zum größeren Teilstück *x* gleich dem Verhältnis von *x* zum kleineren Teilstück ist. Berechne *x*. (Goldener Schritt)

5 Überprüfe mithilfe des Satzes von VIETA, ob die angegebenen Zahlen x_1 und x_2 Lösungen der jeweiligen quadratischen Gleichung sind.

a) $x^2 - 2x - 8 = 0$
$x_1 = -2;\ x_2 = 4$

b) $10a^2 + 5 = 815$
$x_1 = -4;\ x_2 = 4$

Test 3

zu S. 31–35

1 Bringe die Funktionsgleichungen in die Scheitelpunktform. Gib dann die Koordinaten des Scheitelpunktes, den Wertebereich und das Monotonieverhalten der Funktion an.

a) $y = x^2 - 10x - 1$
b) $y = x^2 - x - 1$

2 Bestimme die Scheitelkoordinaten.

a) $y = x^2 - x + 5$
b) $y = x^2 + 4x - 1$
c) $y = x^2 - 10x - 6$

3 Ermittle die Scheitelkoordinaten der Parabel.

a) $y = -\frac{1}{2}(x + 3)^2 + 4$
b) $y = 2(x - 3)^2 - 2$
c) $y = -(x - 1)^2 - 1$

4 Berechne die Scheitelkoordinaten und zeichne die Parabeln.

a) $y = -x^2 + 2x - 4$
b) $y = -x^2 - 6x - 10$
c) $y = -0{,}5x^2 + 4$

5 Von einer Parabel sind die Koordinaten des Scheitels und eines weiteren Punktes P gegeben. Bestimme die Scheitelpunktform der Parabelgleichung.

a) $S(1;\ 1);\ P(0;\ 5)$
b) $S(-2;\ -4);\ P(1;\ 6)$

6 **Berechne die Nullstellen der Funktionen, soweit vorhanden.**

a) $y = (x + 4)^2 - 4$ b) $y = (x - 3)^2 + 2$ c) $y = x^2 - 2x - 2$

7 **Ein Wasserstrahl tritt waagerecht aus einer Düse aus, die sich im Ursprung eines *x*-*y*-Koordinatensystems befindet. Für die Bewegung eines Wasserteilchens gilt: $x = 10\,t$ und $y = -5\,t^2$.**
t ist die Zeit in Sekunden, x und y sind die Koordinaten in der Einheit Meter.

a) Ergänze die x- und y-Werte in der Tabelle.

t	0	1	2	3	4
x					
y					

b) Trage die x-y-Wertepaare als Punkte in ein Koordinatensystem ein und verbinde sie zu einer glatten Kurve.

c) Ermittle die Gleichung der Bahnkurve des Wasserteilchens (ohne t).

Test 4

zu S. 36–41

1 **Schreibe mit Zehnerpotenzen in der Form: $a \cdot 10^p$ mit $a \in \mathbb{R}$ und $1 \leqq a < 10$; $p \in \mathbb{Z}$.**

Beispiel: $437 = 4{,}37 \cdot 10^2$

a) 4314 b) 0,238 c) 0,00405 d) 337,05
e) 0,000056 e) 1600300 g) 65,43 h) 0,10203

2 **Schreibe die Potenz als Wurzel.**

a) $105{,}6^{\frac{-2}{7}}$ b) $0{,}04^{0{,}5}$ c) $72^{\frac{1}{-3}}$

3 **Vereinfache ohne Taschenrechner.**

a) $4x^2 \cdot 7xy$ b) $\frac{2}{3}abc \cdot \frac{6}{5}bc^2$ c) $70r^5s : (7rs^4)$

d) $21u^7 : (3u^2v^2)$ e) $8^3 \cdot 8^2 \cdot 8^{-6}$ f) $(4^4)^{0{,}5}$

g) $\sqrt[4]{\frac{1}{9}} \cdot \sqrt[4]{9^5}$ h) $\left(\frac{5b^3}{c}\right)^4 \cdot \left(\frac{c^2}{10b^2}\right)^4$ i) $\sqrt[7]{\sqrt[4]{3^{28}}}$

k) $\left(\frac{a}{2b}\right)^2 : \left(\frac{b^2}{3a}\right)^{-3}$

Test

4 **Forme die Terme in Potenzschreibweise um und vereinfache so weit wie möglich. Alle Variablen sind positiv.**

a) $\sqrt[5]{32}$ b) $\sqrt[8]{1}$ c) $\sqrt[4]{\frac{1}{81}}$ d) $\sqrt[3]{\frac{27}{125}}$

e) $\sqrt[2n]{4^{2m}}$ f) $\frac{1}{\sqrt[3]{4}}$ g) $\sqrt[4]{(-2)^4}$ h) $\sqrt[3]{c^6}$

5 **Radiziere teilweise.**

a) $\sqrt[5]{6^7}$ b) $\sqrt[3]{5000}$ c) $\sqrt[n]{5^{n+2}}$

6 **Berechne einen Näherungswert mit sechs Dezimalen.**

a) $\sqrt[4]{513} \cdot \sqrt[4]{718}$ b) $\sqrt[3]{\sqrt{121}}$ c) $5{,}7^{\frac{2}{3}} : 5{,}7^{\frac{1}{4}}$

7 **Berechne die Potenzen bzw. Wurzeln exakt.**

a) $81^{\frac{1}{2}}$ b) $16^{\frac{3}{4}}$ c) $1000^{\frac{2}{3}}$ d) $8^{\frac{-1}{3}}$

e) $\sqrt[3]{27}$ f) $\sqrt[4]{100^2}$ g) $\sqrt[11]{11^{11}}$ h) $\sqrt[4]{(\frac{1}{2})^8}$

8 **Berechne Näherungswerte mit 3 Dezimalen. Du kannst dazu den Taschenrechner auf MODE FIX 3 einstellen. Mit MODE NORM kehrst du zur normalen Anzeige zurück.**

a) $81^{\frac{1}{3}}$ b) $2{,}7^{\frac{6}{5}}$ c) $5^{-\frac{3}{8}}$ d) $3^{\sqrt{2}}$

e) $\sqrt[4]{423}$ f) $\sqrt{(\frac{2}{3})^3}$ g) $\sqrt[5]{4^7}$ h) $\sqrt[4]{0{,}7^{-3}}$

Test 5

zu S. 42–49

1 **Schreibe die Funktionsgleichung mit Wurzeln.**

a) $y = x^{\frac{1}{4}}$ b) $y = x^{-\frac{3}{4}}$ c) $y = x^{0{,}4}$

d) $y = x^{-0{,}1}$

2 **Zeichne die Graphen für $|x| \leqq 5$ und $y \leqq 7$.**

a) $y = x^{5{,}2}$ b) $y = x^{-3{,}5}$ c) $y = x^{\frac{4}{5}}$

3 **Gib Definitionsbereich, Wertebereich und etwaige Symmetrieeigenschaften an und zeichne die Graphen für $|x| \leqq 5$ und $|y| \leqq 5$.**

a) $y = 2x^{-2}$ b) $y = \sqrt[3]{x}$ c) $y = x^{-0{,}5}$

4 Ergänze die Tabelle.

	$y = x^{20}$	$y = x^{-94}$	$y = x^{-17}$
Wertebereich			
Asymptoten			
Nullstellen			
Verlauf: $x > 0$ $x < 0$			
Graph liegt in den Quadranten …			

5 Ermittle die Umkehrfunktion zur Funktion f: $y = \frac{1}{2} \cdot x - 1$ mit $\mathbb{D}_f = \mathbb{R}_0^+$. Zeichne die Graphen von Funktion und Umkehrfunktion.

6 Ermittle die Umkehrfunktionen zu den gegebenen Funktionen.

a) $y = x^2 + 5$ $(x \geqq 0)$

b) $y = 5 \cdot x^4 - 1$ $(x \geqq 0)$

c) $y = \frac{1}{2} \cdot x^3 + \frac{1}{2}$ $(x \geqq 0)$

d) $y = \frac{-2}{x} + 1$ $(x \neq 0)$

e) $y = \frac{1}{x} - 5$ $(x \neq 0)$

f) $y = \frac{1}{2} \cdot x^5 - \frac{3}{4}$ $(x \geqq 0)$

Test 6

zu S. 50–54

1 Die Einwohnerzahl einer Stadt wächst jährlich um 5%. Zum Zeitpunkt $x = 0$ betrage sie 10 000.

a) Bestimme den Wachstumsfaktor.

b) Bestimme die Exponentialfunktion $y = b \cdot a^x$ für die Einwohnerzahl y zum Zeitpunkt x Jahre.

c) Stelle eine Wertetabelle für x-Werte von -3 bis 10 auf und zeichne den Graphen der Funktion. In solchen Fällen ist es üblich, für die x-Achse und die y-Achse verschiedene Maßstäbe anzunehmen.

d) Bestimme grafisch den Zeitpunkt, zu dem die Einwohnerzahl 12000 betragen wird.

2 Berechne ohne Taschenrechner, falls möglich.

a) $\log_5 25$ b) $\log_1 3$ c) $\log_2(-3)$ d) $\log_8 1$

e) $\log_7 7$ f) $\log_7 \frac{1}{49}$ g) $\log_a \frac{1}{a^m}$ h) $\lg \sqrt{1000}$

3 **Bestimme die Umkehrfunktion f^{-1} zur gegebenen Funktion f und zeichne die Graphen von Funktion und Umkehrfunktion in ein Koordinatensystem ($-2 \leqq x \leqq 10$; $-2 \leqq y \leqq 10$).**

a) $y = 1{,}5^x$ b) $y = 4^x$ c) $y = 10^x$ d) $y = \log_3 x$

4 **Forme so um, dass im Ergebnis außer $\log_a 2$ und $\log_a 3$ keine anderen Logarithmen vorkommen.**

Beispiel: $\log_a 6 = \log_a 2 + \log_a 3$

a) $\log_a \frac{1}{2}$ b) $\log_a \frac{1}{3}$ c) $\log_a \frac{1}{6}$
d) $\log_a 12$ e) $\log_a 18$

5 **Berechne mit dem Taschenrechner (3 Dezimalen).**

a) $\log_7 20$ b) $\log_3 0{,}04$ c) $\log_2 100$ d) $\log_7 \frac{3{,}7}{2{,}8 \cdot 4{,}11}$

6 **Gib die Lösungsmenge an ($G = \mathbb{R}$).**

a) $\lg x = -2$ b) $\log_3 x = 4$
c) $\lg(x + 2) = 3$ d) $\lg(3x - 2) = -1$

Test 7

zu S. 50–54

1 **Bestimme a so, dass der Graph der Funktion $y = a^x$ durch den gegebenen Punkt geht.**

a) $A(1; 4)$ b) $B(2; 3)$ c) $C(2; 8)$

2 **Licht wird bei dem Durchgang durch ein durchsichtiges Medium exponentiell geschwächt. In einem bestimmten Medium beträgt die Schwächung 20 % pro cm. Die ursprüngliche Intensität des Lichts beträgt 100 (rel. Einheiten).**

a) Bestimme den Faktor a für eine Schwächung von 100 % auf 80 %.
b) Bestimme die Exponentialfunktion $y = b \cdot a^x$ für die Intensität y des Lichts nach dem Durchgang durch x cm des Mediums.
c) Stelle eine Wertetabelle für x-Werte von 0 bis 10 auf (Runde sinnvoll!) und zeichne den Graphen der Funktion.
d) Bestimme grafisch die „Halbwertsdicke“, d. h. die Strecke, in der die Intensität um 50 % geschwächt wird.

3 **Ein radioaktiver Stoff zerfällt mit einer Halbwertszeit von 100 Jahren. Bestimme den Anteil des Stoffes (in %), der nach 50, 100, 1000 Jahren noch vorhanden ist.**

4 **Berechne ohne Taschenrechner.**

a) $\log_2 \frac{1}{2}$ b) $\mathrm{logo}_3 \frac{1}{9}$ c) $\log_5 \sqrt{5}$ d) $\log_{\sqrt{a}} \sqrt{a}\ (a > 1)$

5 **Berechne mit dem Taschenrechner (3 Dezimalen).**

a) $10 \cdot \log_2 \frac{3}{7}$ b) $\lg\left(3{,}7 + \frac{4{,}8}{11{,}2}\right)$ c) $10^{\frac{3}{2}} \cdot \log_2(1{,}88 \cdot 4{,}5)$

6 **Gegeben sei f: $y = 10^{\frac{1}{2}x}$. Bilde die Umkehrfunktion f^{-1} und zeichne die Graphen von Funktion und Umkehrfunktion in ein Koordinatensystem ($-2 \leqq x \leqq 10$; $-2 \leqq y \leqq 10$).**

Test 8

zu S. 55–59

1 **Trage auf der Geraden die Punkte P_1, P_2, P_3 und P_4 mit folgenden Abbildungen ein.**

a) $P \xrightarrow{Z;\,k=2} P_1$ b) $P \xrightarrow{Z;\,k=\frac{1}{2}} P_2$

c) $P \xrightarrow{Z;\,k=-2} P_3$ d) $P \xrightarrow{Z;\,k=3} P_4$

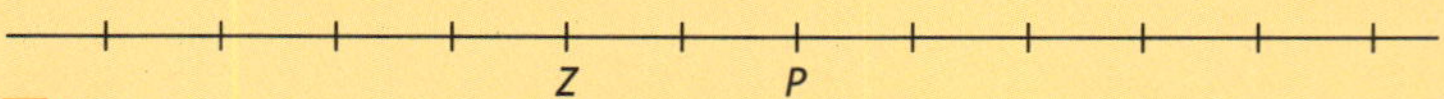

2 **Berechne x und y.**

a)

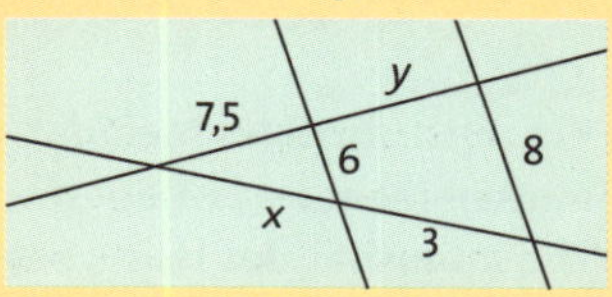

b)

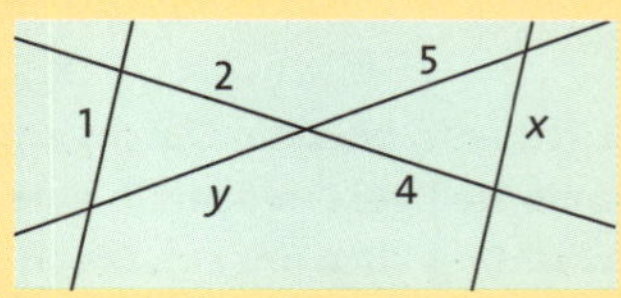

3 **Stelle fest, in welchen Fällen die Dreiecke ABC und $A'B'C'$ ähnlich sind. Begründe deine Entscheidung. In Zweifelsfällen helfen dir zwei Planfiguren, in die du die gegebenen Stücke farbig einträgst.**

	ABC	$A'B'C'$
a)	$a = 2$; $\beta = 40°$; $c = 3$	$a' = 4$; $\beta' = 40°$; $c' = 6$
b)	$\alpha = 30°$; $\beta = 100°$	$\alpha' = 50°$; $\gamma' = 100°$
c)	$a = 5$; $b = 8$; $c = 10$	$a' = 2{,}5$; $b' = 4$, $c' = 5$
d)	$a = 5$; $c = 8$; $\gamma = 100°$	$b' = 2{,}5$; $c' = 4$, $\gamma' = 100°$

e) $a = 3; b = 4; c = 5$ — $a' = 6; b' = 7; c' = 8$

f) $b = 4; c = 3; \beta = 80°$ — $a' = 6; b' = 4{,}5; \alpha' = 80°$

g) $\alpha = 60°; \beta = 40°; c = 3$ — $\alpha' = 30°; \beta' = 20°, c' = 3$

4 Konstruiere ein Dreieck *ABC* nach dem Ähnlichkeitsverfahren.

a) $a : b : c = 3 : 4 : 5; h_c = 5$ cm

b) $\alpha = 30°; \beta = 40°; w_\alpha = 6$ cm

c) $a : b = 3 : 4; \gamma = 60°; s = 5$ cm

d) $\alpha = 30°; \beta = 70°; b - a = 2$ cm
(Tipp: Zeichne $b' - a'$ als Strecke in die Hilfsfigur ein.)

Test 9

zu S. 55–59

1

a) Zeichne das Dreieck *ABC* mit $A(-2; -1)$, $B(-2; 1)$, $\overline{AC} = 3$ LE und $\overline{BC} = 3$ LE (LE = Längeneinheiten).

b) $\triangle ABC \xrightarrow{Z(-1;\,0);\ k = 1{,}5} \triangle A'B'C'$
Zeichne das Bilddreieck $A'B'C'$. Berechne dessen Seitenlängen.

2 Berechne *y* in Abhängigkeit von *x*.

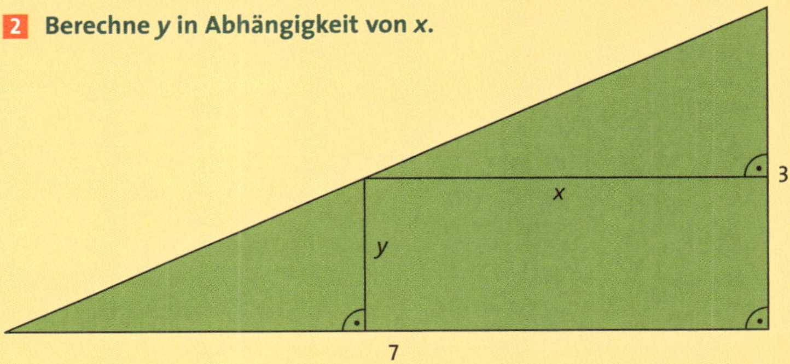

3 Zeichne ein rechtwinkliges Dreieck *ABC* mit dem rechten Winkel bei *C* und in *C* die Höhe h_c. Zeige, dass die Höhe h_c das Dreieck in zwei ähnliche Teildreiecke zerlegt, die auch dem $\triangle ABC$ ähnlich sind.

4 Einem beliebigen Dreieck *ABC* ist ein Quadrat einzubeschreiben, sodass eine Quadratseite auf der Seite *c* des Dreiecks liegt und die beiden anderen Eckpunkte des Quadrates auf den Seiten *a* und *b* des Dreiecks liegen.

Test 10

zu S. 60–62

1 Gib jeweils den Satz des PYTHAGORAS, den Kathetensatz, den Höhensatz und den Flächeninhalt für die folgenden Dreiecke an.

a)

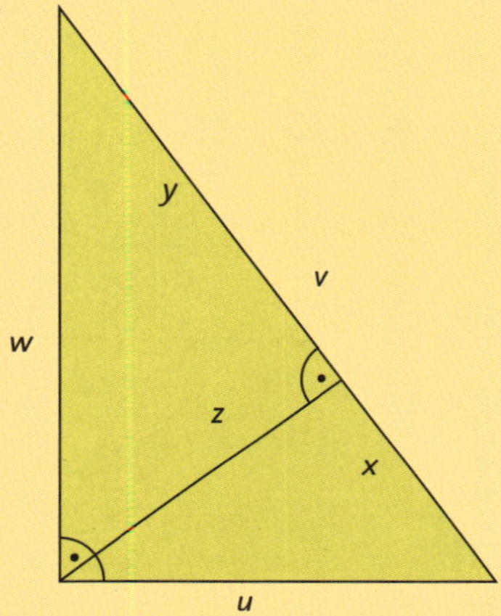

b)

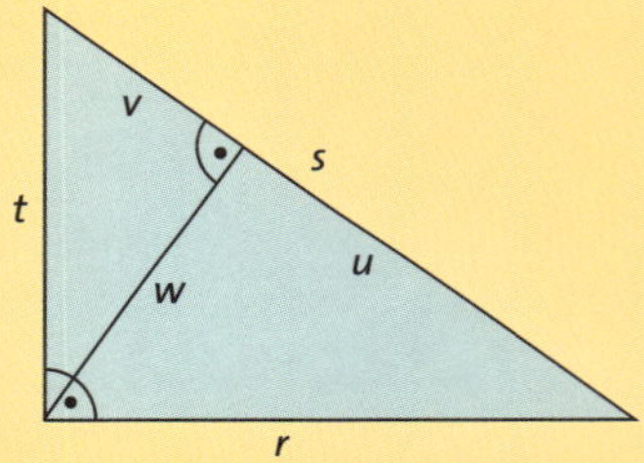

2 Berechne die fehlenden Stücke eines rechtwinkligen Dreiecks (der rechte Winkel liegt am Punkt *C*). Rechne exakt, ohne Näherungswerte.

	a	b	c	p	q	h	A
a)		$4\sqrt{5}$	10				
b)				1	9		
c)			13	4			

3

a) Wie groß ist der Flächeninhalt eines regelmäßigen Achtecks mit der Seitenlänge $a = 4\,\text{cm}$?

b) Von einem Eckpunkt des Achtecks werden alle Diagonalen eingezeichnet. Wie lang sind die fünf Diagonalen?

Test 11

zu S. 60 – 62

1 **Von einem rechtwinkligen Dreieck (rechter Winkel bei C) sind bekannt: $b = 3$; $A = 6$. Berechne a, c, p, q, h.**

2 **Wie groß ist die markierte Fläche, wenn stets $a = 3$ cm gilt?**

a)

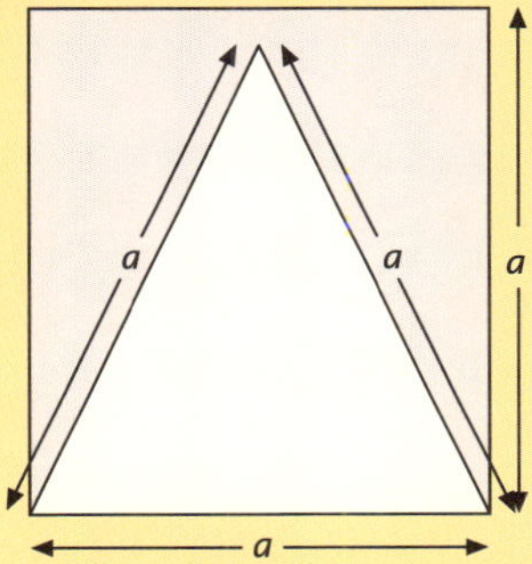

b)

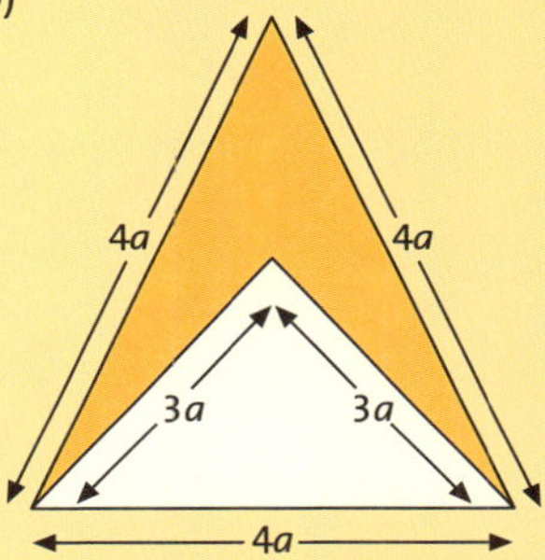

3 **Berechne die Seitenlängen des Dreiecks ABC mit $A(1; 1)$; $B(5; -1)$, $C(3; 4)$**

a) exakt,
b) auf eine Stelle nach dem Komma genau.
c) Überprüfe deine Rechnung durch eine Zeichnung

4 **Genau senkrecht über dir siehst du einen Drachen steigen. Der Besitzer hat 87 m Bindfaden von der Rolle abgewickelt. In welcher Höhe befindet sich der Drachen, wenn du 48 m vom Drachenbesitzer entfernt stehst?**

5 **Berechne p, q, r, s, t, u, v.**
(exakt, keine Näherung)

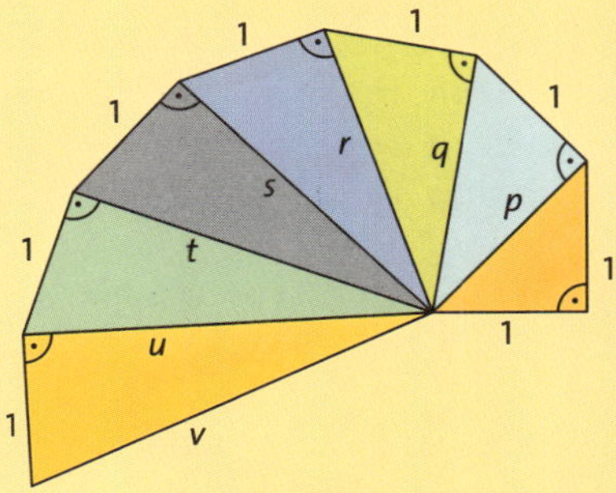

Test

Test 12

zu S. 63–64

1 **Welcher der folgenden Näherungswerte weicht am wenigsten vom genauen Wert der Kreiszahl π ab?**

$\sqrt{10}$; $\frac{22}{7}$; 3,14; $3\frac{1}{8}$; $3\frac{1}{5}$

2 **Berechne den Umfang und Flächeninhalt eines Kreises, dessen Radius der Erdradius (6370 km) ist.**

3 **Berechne die fehlenden Größen eines Kreissektors.**

	a)	b)	c)
r	10	10	10
α	30°		
b		5π	
A			20π

4 **Berechne die Segmentfläche mit $r = 15{,}0$ m (Näherungswert mit 3 geltenden Ziffern).**

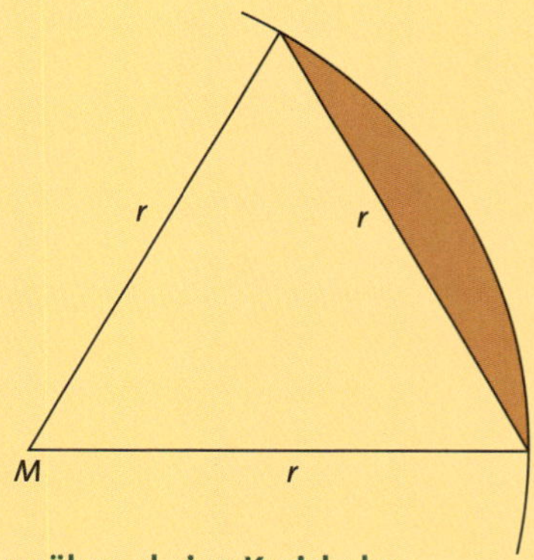

5 **Die Erde beschreibt in einem Jahr annähernd eine Kreisbahn um die Sonne mit dem Bahnradius von 150 Millionen km.**

a) Berechne die Bahnlänge.

b) Berechne die Bahngeschwindigkeit in $\frac{\text{km}}{\text{s}}$.

6 **Berechne den Radius und den Flächeninhalt eines Kreissektors mit Mittelpunktswinkel 45° und Bogenlänge π.**

7 **Einem Quadrat mit Seitenlänge a ist ein Kreis**

a) umbeschrieben,

b) einbeschrieben.

Berechne jeweils die zwischen Kreis und Quadrat liegende Fläche.

Test 13

zu S. 65–69

1 Die Grundfläche der Pyramide ist ein Rechteck, die vier Seitenkanten sind gleich lang.

a) Zeichne einen Senkrechtschnitt zu $\overline{AC}$.

b) Zeichne einen Senkrechtschnitt zu den Seitenmitten von $\overline{BC}$ und $\overline{AD}$.

c) Bestimme durch Zeichnung und Rechnung die Höhe h der Pyramide.

d) Bestimme durch Zeichnung und Rechnung die Höhe h_1 der Seitenfläche *ABS*.

e) Bestimme durch Zeichnung und Rechnung die Höhe h_2 der Seitenfläche *BCS*.

f) Bestimme Volumen und Oberfläche der Pyramide.

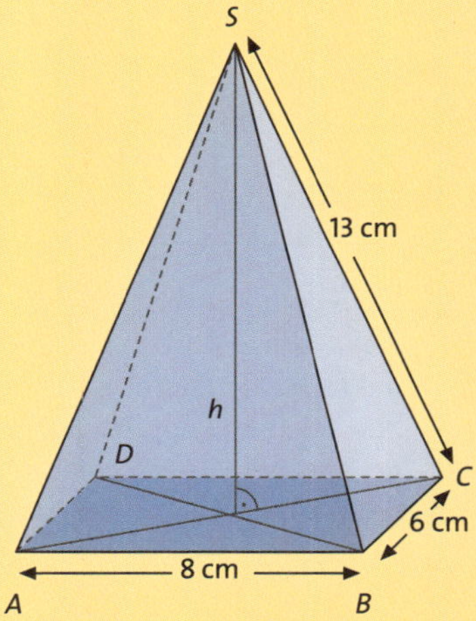

2 Die abgebildete Säule ist aus einer quadratischen Säule entstanden. Die Bogen der Deckfläche sind Viertelkreise.

a) Wie groß ist die Mantelfläche?

b) Wie groß ist die Oberfläche?

c) Wie groß ist das Volumen?

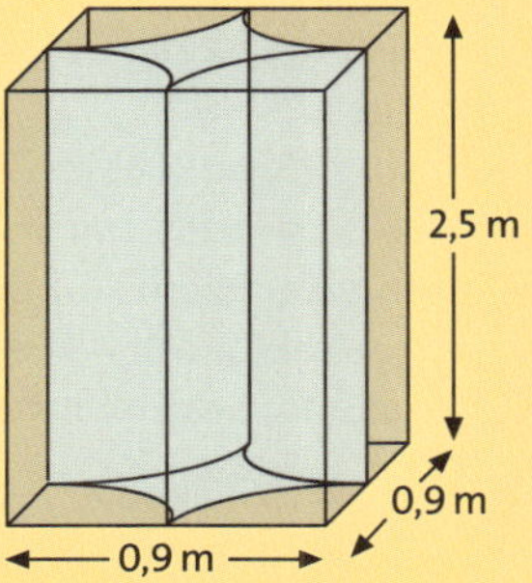

3 Der Kreissektor ($R = 6$ cm) bildet den Kegelmantel.
Wie groß ist der Grundkreisradius?
Wie groß ist die Höhe des Kegels?
Wie groß ist die Kegeloberfläche?
Wie groß ist das Volumen?

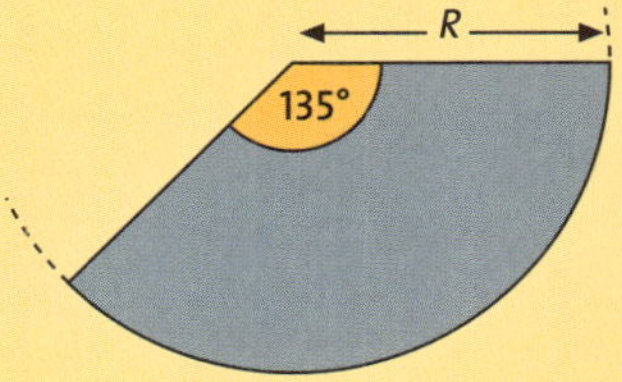

Test

4 Berechne die fehlenden Größen einer Kugel.

	Radius r	Oberfläche O	Volumen V
a)	0,3 dm		
b)		2826 m^2	
c)			150,46 cm^3

Test 14

zu S. 65–69

1 Bei einem Kegel ist $r = 6$ cm und $h = 18$ cm. Wie verändert sich das Volumen, wenn

a) bei gleichem Radius r die Höhe h verdoppelt wird,
b) bei gleichem Radius r die Höhe h halbiert wird,
c) bei gleicher Höhe h der Radius r verdoppelt wird,
d) bei gleicher Höhe h der Radius r halbiert wird?

2 Die Abbildung zeigt einen Schnitt durch die Kegelachse.

a) Wie groß ist das Volumen dieses Kegels?
b) Wie groß ist die Oberfläche des Kegels?
c) Schneide aus Papier den Mantel dieses Kegels zurecht. Wie groß muss der Radius für diesen Kegelsektor sein? Wie groß muss der Sektorwinkel sein?

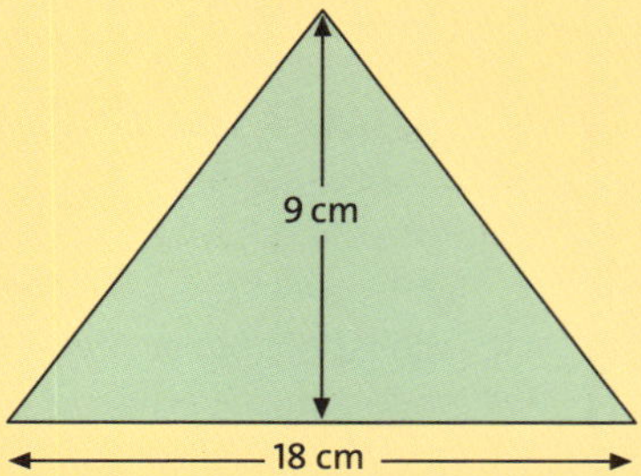

3

a) Ein Tetraeder, ein Würfel und eine Kugel haben das gleiche Volumen $V = 6\ m^3$.
   a 1) Wie groß ist die Kantenlänge von Tetraeder und Würfel, wie groß ist der Radius der Kugel?
   a 2) Wie groß sind ihre Oberflächen?

Test

b) Ein Tetraeder, ein Würfel und eine Kugel haben die gleiche Oberfläche $O = 6\,m^2$.

b1) Wie groß ist die Kantenlänge von Tetraeder und Würfel, wie groß ist der Radius der Kugel?

b2) Wie groß sind ihre Volumina?

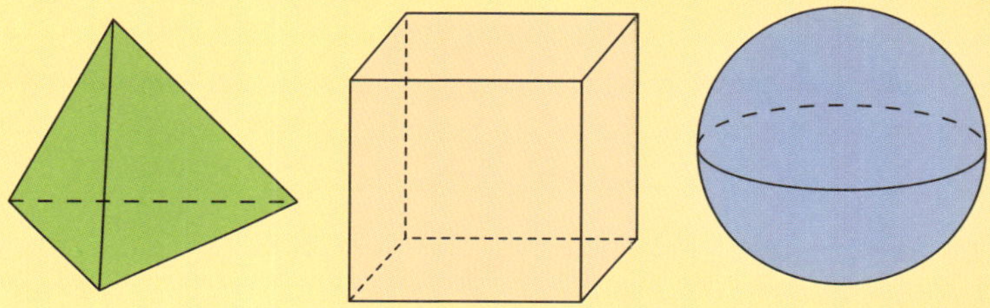

Test 15

zu S. 70–77

1 Im Dreieck *ABC* sind gegeben:

a) $\gamma = 90°$; $\alpha = 63{,}7°$; $b = 6{,}12\,cm$ b) $\alpha = 90°$; $a = 4{,}2\,cm$; $\beta = 37°$

Fertige eine Skizze an und berechne alle fehlenden Größen nur mithilfe der gegebenen.

2 Ein Flugzeug hebt von der Landebahn *F* mit einem Steigungswinkel von 4,6° ab. Das letzte Lichtfeuer ist 12 km von *F* entfernt. Welche Flugstrecke hat das Flugzeug zurückgelegt, wenn es sich senkrecht über *L* befindet?

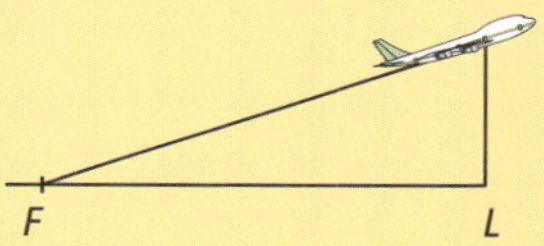

3 Ein Forschungsunterseeboot peilt von der Wasseroberfläche die 45 m über dem Meeresspiegel liegende Spitze eines Leuchtturms unter dem Höhenwinkel $\alpha = 3°$ an. Wie weit ist das Boot vom Fuß des Leuchtturms entfernt?

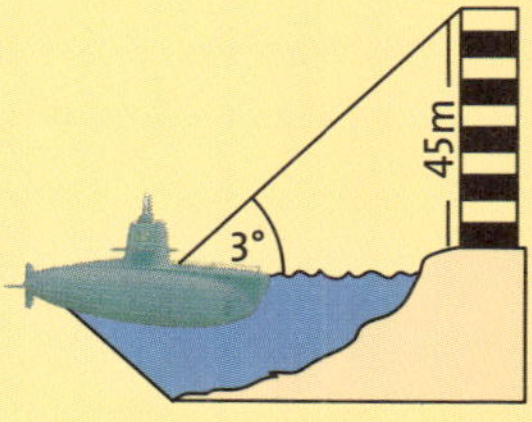

4 **Ein Bahndamm hat die Form eines gleichschenkligen Trapezes mit den Größen: $a = 12$ m, $c = 8$ m, $s = 3{,}50$ m. Berechne die Höhe h und den Böschungswinkel α.**
Hinweis: Berechne zuerst x.

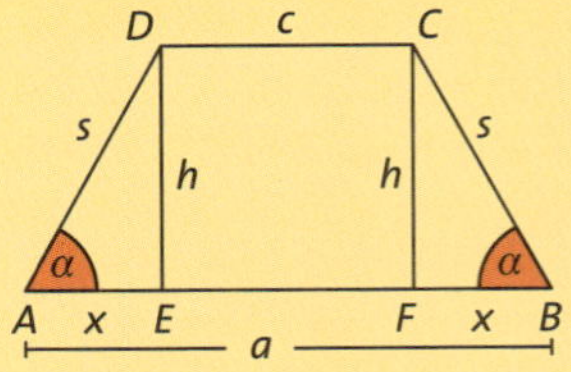

5 **Führe auf Winkel zwischen 0° und 360° zurück und überprüfe mit dem Taschenrechner.**

a) $\sin(-231°)$ b) $\sin(-304°)$ c) $\sin 370°$

6 **Bestimme mit Taschenrechner und Einheitskreis für $0 \leqq \alpha < 180°$ die Lösungen(en) der Gleichung.**

a) $\sin \alpha = 0{,}1$ b) $\sin \alpha = 0{,}5$ c) $\cos \alpha = -0{,}8$

Test 16

zu S. 70–77

1 **Im Dreieck ABC sind gegeben:**

a) $a = 3$ cm; $b = 5$ cm; $\beta = 20°$ b) $c = 9$ cm; $a = 7$ cm; $\alpha = 60°$

Fertige eine Skizze an und berechne alle unbekannten Größen.

2 **Formuliere die drei Gleichungen des Kosinussatzes für das nebenstehende Dreieck.**

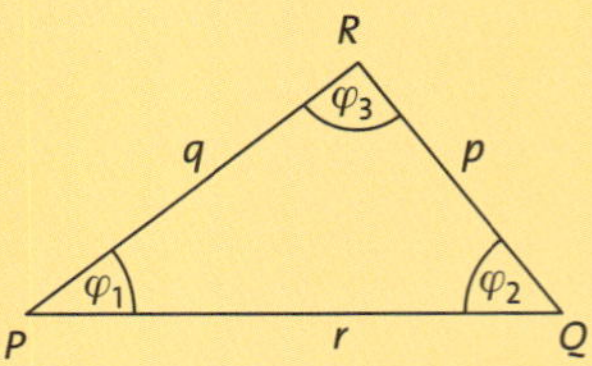

3 **Im Parallelogramm $ABCD$ sind gegeben:**
$\overline{AB} = 7{,}4$ cm; $\overline{AD} = 4{,}9$ cm; $\alpha = 23°$.

a) Berechne den Flächeninhalt des Parallelogramms.
b) Berechne die Länge der Diagonalen $\overline{BD}$.

Test

4 Die Cheopspyramide in Ägypten hat eine quadratische Grundfläche der Seitenlänge a = 230 m und eine Höhe h von 137 m.
Berechne den Winkel α zwischen der Diagonalen $\overline{AC}$ und der Seitenkante $\overline{AS}$.
Hinweis: Rechne im rechtwinkligen Dreieck AFS.

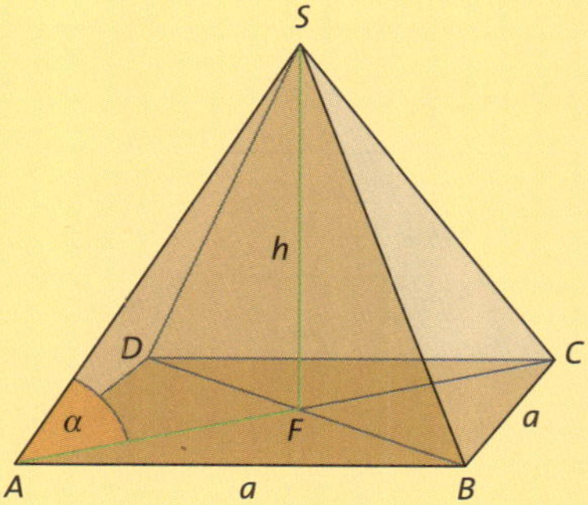

5 Im Dreieck ABC sind gegeben:

a) a = 5,4 cm; α = 61,8°; β = 47,2°
b) b = 5 cm; c = 4 cm; γ = 43°
c) a = 5 cm; b = 4 cm; c = 6 cm
d) a = 5,2 cm; b = 4 cm; γ = 100°

Fertige jeweils eine Skizze an und berechne die fehlenden Seiten und Winkel.

Test 17

zu S. 80–82

1 Berechne $\binom{6}{4}$,

a) ohne Taschenrechner,
b) nur mit der Fakultät-Taste des Taschenrechners,
c) mit der *nCr*-Funktion des Taschenrechners (zuerst obere Zahl eingeben, dann [Cr] oder [SHIFT][Cr], dann untere Zahl, dann [=]).

2 Aus einer Urne mit 3 schwarzen und einer roten Kugel wird 4-mal hintereinander eine Kugel entnommen und wieder zurückgelegt. Wie groß ist die Wahrscheinlichkeit, dass es genau 2-mal die rote Kugel ist?

3 Ein Biathlon-Schütze schießt 5-mal hintereinander auf ein Ziel. Seine Trefferwahrscheinlichkeit beträgt 90%.

a) Wie groß ist die Wahrscheinlichkeit, dass er zuerst 4-mal trifft und dann einmal nicht?
b) Wie groß ist die Wahrscheinlichkeit, dass er genau 4-mal trifft?

4 Warum bildet das Ziehen von Kugeln aus einer Urne ohne Zurücklegen keine BERNOULLI-Kette?

Lösungen

S. 84 Test 1

1. a)

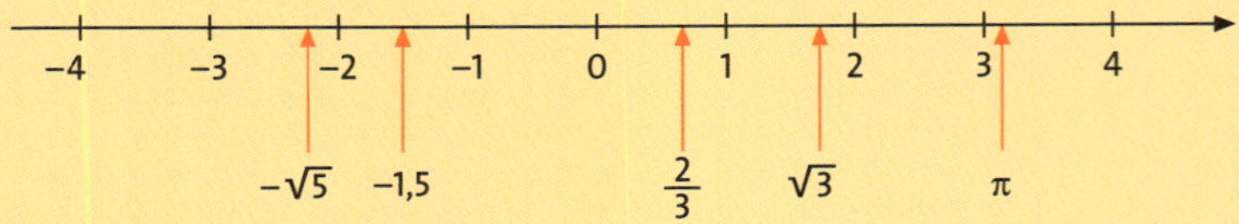

b) $-\sqrt{5} < -1{,}5 < \frac{2}{3} < \sqrt{3} < \pi$

2. a) $L = \{-\sqrt{5}\,;\sqrt{5}\,\}$

b) $L = \{-4; 4\}$

c) $L = \{-\sqrt{17}; \sqrt{17}\}$

d) $L = \{\ \}$

3. a) $10\sqrt{2}$ b) $5\sqrt{3}$ c) $3\sqrt{2}$ d) $10\sqrt{10}$
e) $2a\sqrt{2}$ f) $yz\sqrt{xz}$ g) $5x\sqrt{2x}$ h) $2(a+b)\sqrt{5}$

4. a) $10\sqrt{5} + 10\sqrt{2}$ b) $-5\sqrt{2}$ c) $2\sqrt{3}$

5. a) $\frac{2}{3}\sqrt{3}$

b) $\frac{5}{7}\sqrt{7}$

c) $\frac{2(\sqrt{2}+2)}{(\sqrt{2}-2)(\sqrt{2}+2)} = \frac{2(\sqrt{2}+2)}{2-4} = -\sqrt{2}-2$

d) $\frac{5(\sqrt{3}-\sqrt{5})}{(\sqrt{3}+\sqrt{5})(\sqrt{3}-\sqrt{5})} = \frac{5(\sqrt{3}-\sqrt{5})}{3-5} = -\frac{5}{2}(\sqrt{3}-\sqrt{5}) = \frac{5}{2}(\sqrt{5}-\sqrt{3})$

e) $\frac{(\sqrt{7}-\sqrt{5}\,)^2}{(\sqrt{7}+\sqrt{5}\,)(\sqrt{7}-\sqrt{5}\,)} = \frac{7-2\sqrt{35}+5}{7-5} = 6-\sqrt{35}$

f) $\frac{1(2\sqrt{3}-1)}{(2\sqrt{3}+1)(2\sqrt{3}-1)} = \frac{2\sqrt{3}-1}{12-1} = \frac{2\sqrt{3}-1}{11}$

g) $\frac{a(\sqrt{a}+\sqrt{b}}{(\sqrt{a}-\sqrt{b}\,)(\sqrt{a}+\sqrt{b}\,)} = \frac{a(\sqrt{a}+\sqrt{b})}{a-b}$

S. 84 Test 2

1. a) nicht möglich b) $(x-5)^2$ c) $(x+2)(x-4)$

2. a) $\{-5; 2\}$ b) $\{-11; 0\}$ c) $\{0; 1\}$ d) $\{-7; 7\}$
e) $\{-3; 3\}$ f) $\{-\sqrt{5}; \sqrt{5}\}$ g) $\{-1; 5\}$ h) $\{-9; 10\}$
i) $\{-23; 7\}$ j) $\{4-\sqrt{6}; 4+\sqrt{6}\}$ k) $\{3-\sqrt{5}; 3+\sqrt{5}\}$
l) $\{\ \}$ m) $\{5{,}25\}$ n) $\{\ \}$ o) $\{2\}$

3. a) $x_1 = 0{,}62; x_2 = -1{,}62$ b) $x_1 = -0{,}13; x_2 = -1{,}87$
c) $x_1 = -0{,}62; x_2 = -1{,}62$ d) $x_1 = 0{,}74;\ x_2 = -0{,}34$
e) $x_1 = 0{,}97; x_2 = -1{,}64$ f) $x_1 = 3{,}41; x_2 = 0{,}38$

4. $\frac{a}{x} = \frac{x}{a-x}$ kreuzweise multiplizieren $x^2 + ax - a^2 = 0$

$x_{1/2} = \frac{-a \pm \sqrt{5a^2}}{2}$; nur positive Lösung sinnvoll: $\longrightarrow x = \frac{a}{2}(\sqrt{5}-1) \approx 0{,}618\ a$

5. a) ja
b) nein

S. 85 Test 3

1. a) $y = x^2 - 10x - 1$

Scheitelpunktform:	$y = (x-5)^2 - 26$
Scheitelpunkt:	$S\,(5; 26)$
Wertebereich:	$y \geqq -26$
Monotonie:	fallend für $x \leqq 5$
	steigend für $x \geqq 5$

b) $y = x^2 - x - 1$

Scheitelpunktform:	$y = (x-0{,}5)^2 - 1{,}25$
Scheitelpunkt:	$S\,(0{,}5; -1{,}25)$
Wertebereich:	$y \geqq -1{,}25$
Monotonie:	fallend für $x \leqq 0{,}5$
	steigend für $x \geqq 0{,}5$

2. a) $S\,(0{,}5; 4{,}75)$ b) $S\,(-2; -5)$ c) $S\,(5; -31)$

3. a) $S\,(-3; 4)$ b) $S\,(3; -2)$ c) $S\,(1; -1)$

4. a) $S\,(1; -3)$
b) $S\,(-3; -1)$
c) $S\,(0; 4)$

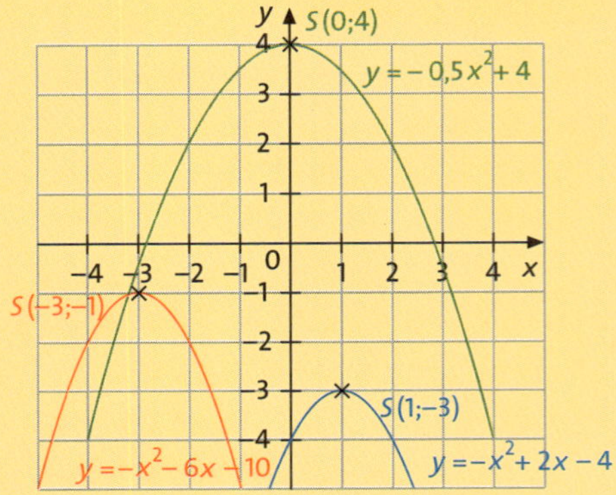

5. a) $y = a(x-1)^2 + 1$ $P\,(0; 5)$ eingesetzt: $5 = a(0-1)^2 + 1$
$5 = a + 1$
$a = 4$
$y = 4(x-1)^2 + 1$

b) $y = \frac{10}{9}(x+2)^2 - 4$

6. a) $x_1 = -2;\ x_2 = -6$ b) keine Nullstelle c) $x_{1/2} = 1 \pm \sqrt{3}$

7. a)

t	0	1	2	3	4
x	0	10	20	30	40
y	0	−5	−20	−45	−80

b)

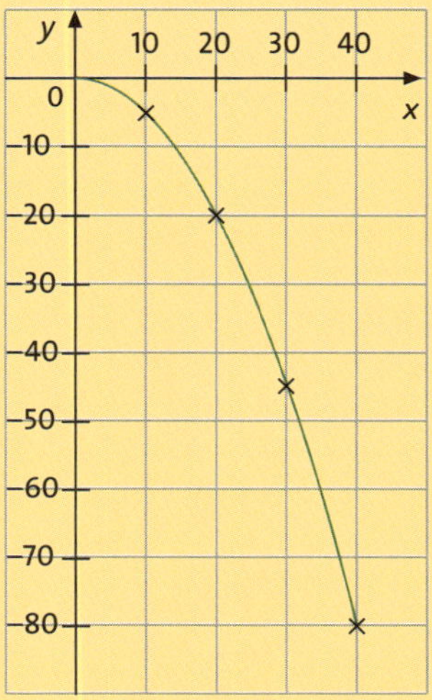

c) Ansatz: $y = ax^2$; z. B. (10; –5) einsetzen → $a = -0{,}05$ → $y = -0{,}05\,x^2$
oder aus $x = 10t$ und $y = -5t^2$ den Parameter t eliminieren:

$t = \frac{x}{10} \rightarrow y = -5\left(\frac{x}{10}\right)^2 \rightarrow y = -0{,}05x^2$

S. 86 Test 4

1. a) $4{,}314 \cdot 10^3$ b) $2{,}38 \cdot 10^{-1}$ c) $4{,}05 \cdot 10^{-3}$ d) $3{,}3705 \cdot 10^2$
e) $5{,}6 \cdot 10^{-5}$ f) $1{,}6003 \cdot 10^6$ g) $6{,}543 \cdot 10^1$ h) $1{,}0203 \cdot 10^{-1}$

2. a) $\sqrt[7]{105{,}6^{-2}} = \sqrt[7]{\frac{1}{105{,}6^2}}$ b) $\sqrt{0{,}04}$ c) $\sqrt[3]{72^{-1}} = \sqrt[3]{\frac{1}{72}}$

3. a) $28\,x^3y$ b) $\frac{4}{5}ab^2c^3$ c) $10\,r^4s^{-3}$ d) $7u^5v^{-2}$ e) $8^{-1} = \frac{1}{8}$

f) $4^2 = 16$ g) 9 h) $\frac{5^4 \cdot b^4 \cdot c^4}{2^4 \cdot 5^4} = \frac{b^4 \cdot c^4}{16}$ i) 3

k) $\left(\frac{b}{2b}\right)^2 : \left(\frac{b^2}{3a}\right)^{-3} = \left(\frac{a}{2b}\right)^2 \cdot \left(\frac{b^2}{3a}\right)^3 = \frac{a^2 \cdot b^6}{4b^2 \cdot 27a^3} = \frac{b^4}{108a}$

4. a) $32^{\frac{1}{5}} = 2$ b) $1^{\frac{1}{8}} = 1$ c) $\left(\frac{1}{81}\right)^{\frac{1}{4}} = \frac{1}{3}$ d) $\left(\frac{27}{125}\right)^{\frac{1}{3}} = \frac{3}{5}$

e) $4^{\frac{2m}{2n}} = 4^{\frac{m}{n}}$ f) $\frac{1}{4^{\frac{1}{3}}} = 4^{-\frac{1}{3}}$ g) $\sqrt[4]{(-2)^4} = \sqrt[4]{2^4} = 2^{\frac{4}{4}} = 2$

h) $c^{\frac{6}{3}} = c^2$

5. a) $\sqrt[5]{6^5 \cdot 6^2} = 6 \cdot \sqrt[5]{36}$ b) $\sqrt[3]{5 \cdot 10^3} = 10 \cdot \sqrt[3]{5}$ c) $\sqrt[n]{5^n \cdot 5^2} = 5 \cdot \sqrt[n]{25}$

6. a) $\sqrt[4]{513 \cdot 718} = 24{,}635447$ b) $\sqrt[6]{121} = 2{,}223980$ c) 2,065132

7. a) 9 b) 8 c) 100 d) $\frac{1}{2}$ e) 3

f) 10 g) 11 h) $\frac{1}{4}$

8. a) 4,327 b) 3,293 c) 0,547 d) 4,729
e) 4,535 f) 0,544 g) 6,964 h) 1,307

S. 87 **Test 5**

1. a) $y = \sqrt[4]{x}$ b) $y = \frac{1}{\sqrt[4]{x^3}}$ c) $y = \sqrt[5]{x^2}$ d) $y = \frac{1}{\sqrt[10]{x}}$

2. a) – c)

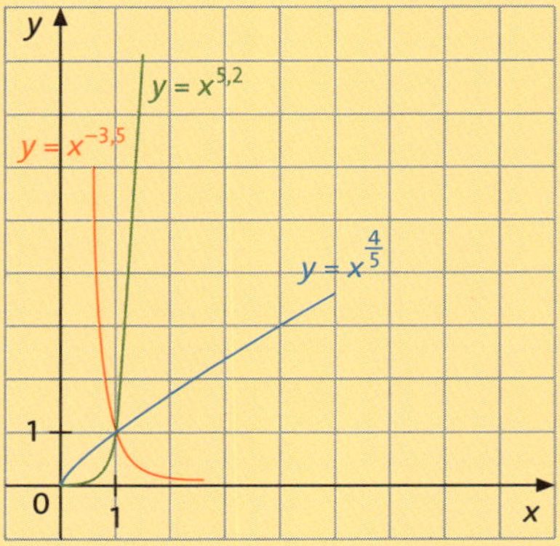

3. a) $\mathbb{D} = \mathbb{R} \setminus \{0\}$; $\mathbb{W} = \mathbb{R}^+$; Achsensymmetrie zur y-Achse
   b) $\mathbb{D} = \mathbb{W} = \mathbb{R}_0^+$; keine Symmetrie
   c) $\mathbb{D} = \mathbb{W} = \mathbb{R}^+$; keine Symmetrie

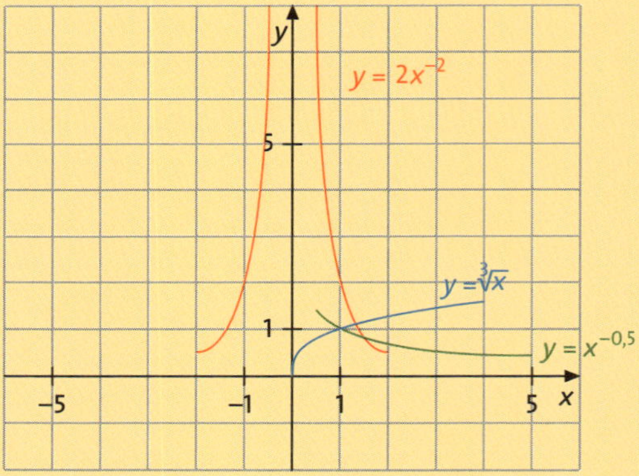

4.

	$y = x^{20}$	$y = x^{-94}$	$y = x^{-17}$
Wertebereich	$y \in \mathbb{R}_0^+$	$y \in \mathbb{R}^+$	$y \in \mathbb{R} \setminus \{0\}$
Asymptoten	keine	x-Achse y-Achse	x-Achse y-Achse
Nullstellen	$x_0 = 0$	keine	keine
Verlauf: $x > 0$	steigend	fallend	fallend
$x < 0$	fallend	steigend	fallend
Graph liegt in den Quadranten …	I und II	I und II	I und III

5. $f^{-1}: y = 2x + 2$; $D_{f^{-1}} = [-1; \infty[$

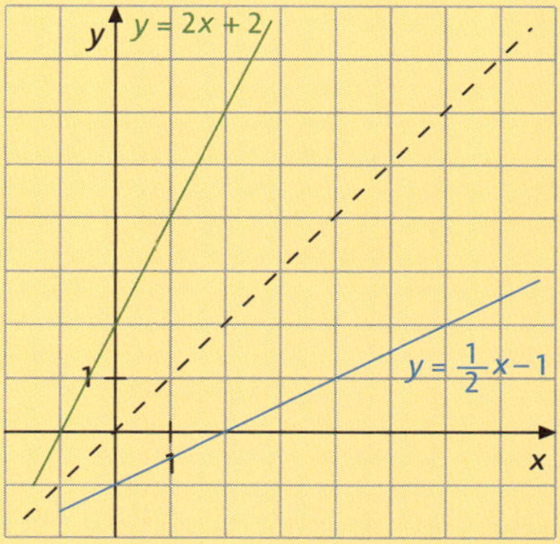

6. a) $y = \sqrt{x-5}, x \geqq 5$ b) $y = \sqrt[4]{\frac{x+1}{5}}, x \geqq -1$

c) $y = \sqrt[3]{2x-1}, x \geqq 0{,}5$ d) $y = \frac{-2}{x-1}, x \neq 1$

e) $y = \frac{1}{x+5}, x \neq -5$ f) $y = \sqrt[5]{2x + \frac{3}{2}},\ x \geqq -\frac{3}{4}$

S. 88 **Test 6**

a) $a = 1{,}05$ b) $y = 10000 \cdot 1{,}05^x$

c)

x	–3	–2	–1	0	1	2	3
y	8638	9070	9524	10000	10500	11025	11576

x	4	5	6	7	8	9	10
y	12155	12763	13401	14071	14775	15513	16289

d)

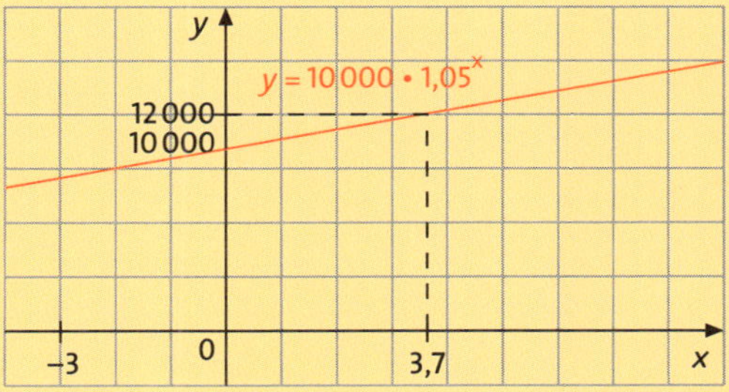

$x = 3{,}7 \rightarrow$ in 3,7 Jahren

2. a) 2 b) nicht def. c) nicht def. d) 0
e) 1 f) –2 g) –m h) $\frac{3}{2}$

3. a)

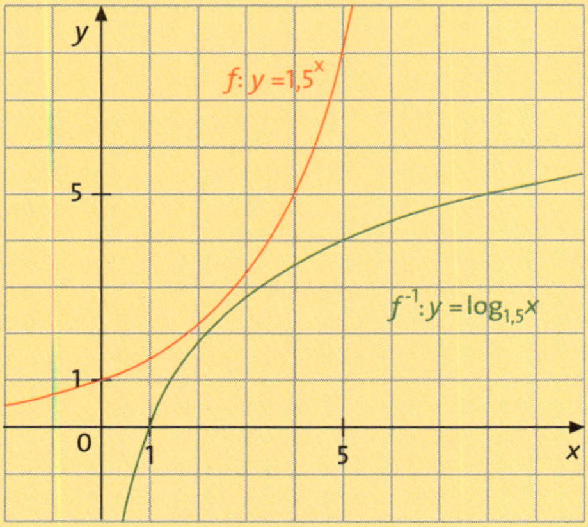

y
f: y = 1,5^x
5
f^-1: y = log_1,5 x
1
0
1
5
x

b)

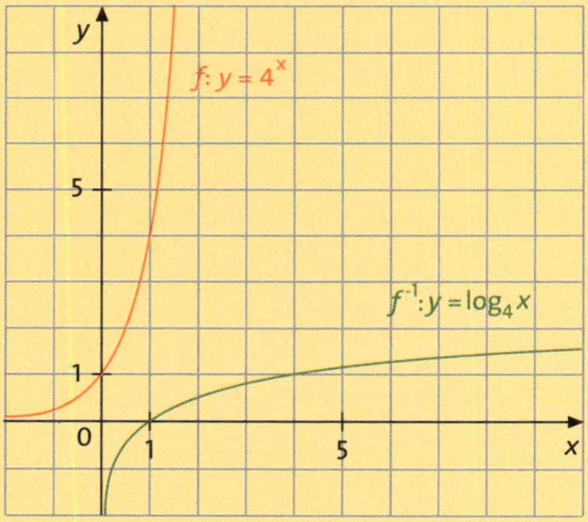

y
f: y = 4^x
5
f^-1: y = log_4 x
1
0
1
5
x

c)

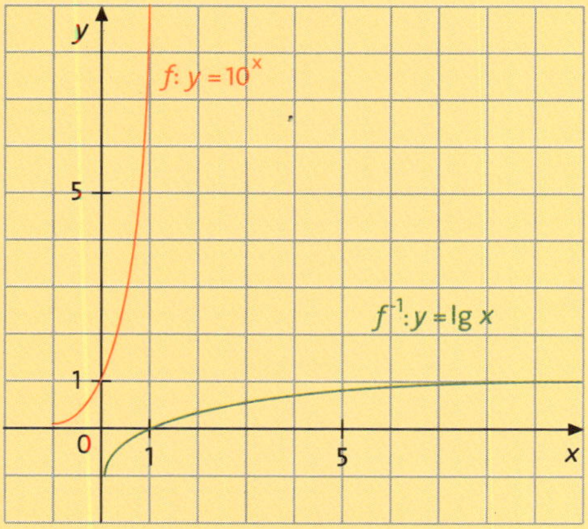

y
f: y = 10^x
5
f^-1: y = lg x
1
0
1
5
x

d)

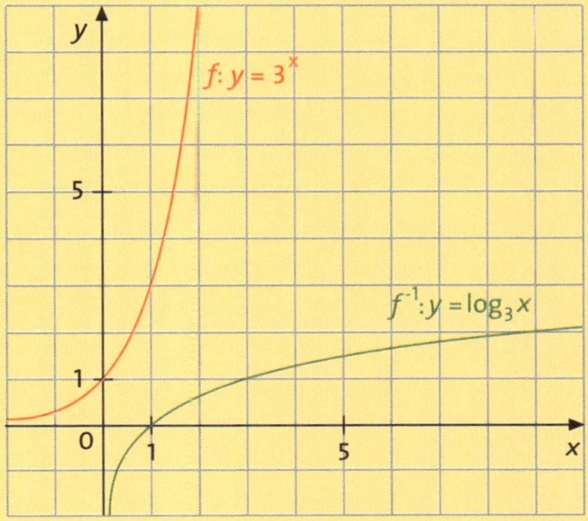

4. a) $-\log_a 2$ b) $-\log_a 3$ c) $-\log_a 2 - \log_a 3$
   d) $2 \log_a 2 + \log_a 3$ e) $\log_a 2 + 2 \log_a 3$

5. a) 1,540 b) $-2{,}930$ c) 6,644 d) $-0{,}583$

6. a) $\lg x = -2 \rightarrow 10^{-2} = x \rightarrow L = \{0{,}01\}$
   b) $\lg_3 x = 4 \rightarrow 3^4 = x \rightarrow L = \{81\}$
   c) $\lg (x + 2) = 3 \rightarrow 10^3 = x + 2 \rightarrow L = \{998\}$
   d) $\lg (3x - 2) = -1 \rightarrow 10^{-1} = 3x - 2 \rightarrow L = \{0{,}7\}$

S. 89 Test 7

1. a) $a^1 = 4 \rightarrow a = 4$ b) $a^2 = 3 \rightarrow a = \sqrt{3}$ c) $a^2 = 8 \rightarrow a = 2\sqrt{2}$

2. a) $a = 0{,}8$ b) $y = 100 \cdot 0{,}8^x$

c)

x	0	1	2	3	4	5	6	7	8	9	10
y	100	80	64	51	41	33	26	21	17	13	11

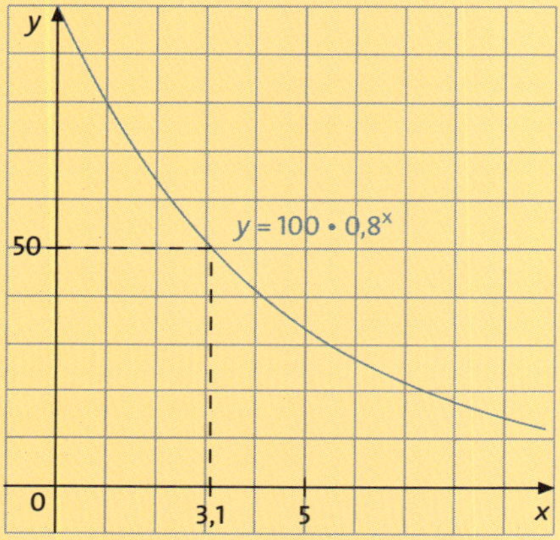

d) $x = 3{,}1 \rightarrow$ Halbwertsdicke 3,1 cm

3. $\frac{y}{b} = \left(\frac{1}{2}\right)^x$ mit $x = \frac{t}{100a}$

$t = 50\,a \rightarrow x = \frac{1}{2} \rightarrow \frac{y}{b} = 0{,}71 = 71\,\%$

$t = 100\,a \rightarrow x = 1 \rightarrow \frac{y}{b} = 0{,}50 = 50\,\%$

$t = 1000\,a \rightarrow x = 10 \rightarrow \frac{y}{b} = 9{,}77 \cdot 10^{-4} = 9{,}77 \cdot 10^{-2}\,\% \approx 0{,}1\,\%$

4. a) -1 b) -2 c) $+\frac{1}{2}$ d) 1

5. a) $-12{,}224$ b) 0,616 c) 97,419

6. $f\colon y = 10^{\frac{1}{2}x}$; $\mathbb{W}_f = \mathbb{R}^+$

$\lg y = \frac{1}{2}x$

$x = 2 \lg y$

$f^{-1}\colon y = 2 \lg x$; $\mathbb{D}_{f^{-1}} = \mathbb{R}^+$

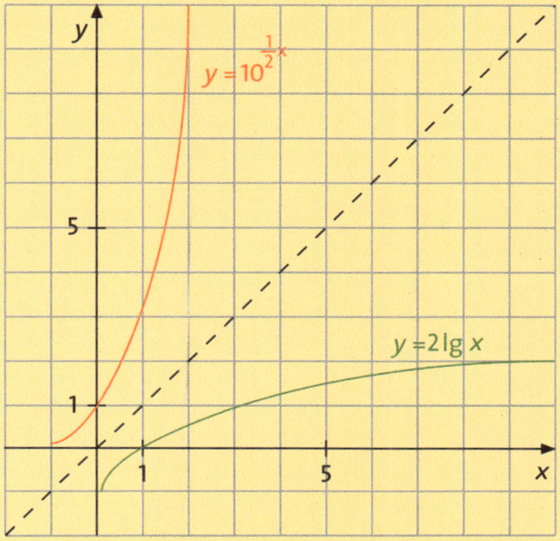

S. 90 Test 8

1. a) – d) P_3 Z P_2 P P_1 P_4

2. a) $\frac{8}{6} = \frac{x+3}{x} \rightarrow x = 9$; $\frac{9}{3} = \frac{7{,}5}{y} \rightarrow y = 2{,}5$

   b) $\frac{2}{4} = \frac{y}{5} \rightarrow y = 2{,}5$; $\frac{x}{1} = \frac{4}{2} \rightarrow x = 2$

3. Die Dreiecke sind …
   a) … ähnlich, weil sie im Verhältnis zweier Seiten und dem Zwischenwinkel übereinstimmen.
   b) … ähnlich, weil sie in zwei Winkeln übereinstimmen.
   c) … ähnlich, weil sie im Verhältnis der drei Seiten übereinstimmen.
   d) … ähnlich, weil sie im Verhältnis zweier Seiten und dem Gegenwinkel der größeren Seite übereinstimmen.
   e) … nicht ähnlich, weil sie nicht im Verhältnis der drei Seiten übereinstimmen.
   f) … ähnlich, weil sie im Verhältnis zweier Seiten und dem Gegenwinkel der größeren Seite übereinstimmen.
   g) … nicht ähnlich, weil ihre Winkel nicht übereinstimmen.

4. a) Man zeichnet zuerst ein ähnliches Dreieck $A'B'C'$ (z. B. mit $a = 3$ cm; $b = 4$ cm und $c = 5$ cm) und führt dann eine zentrische Streckung aus.

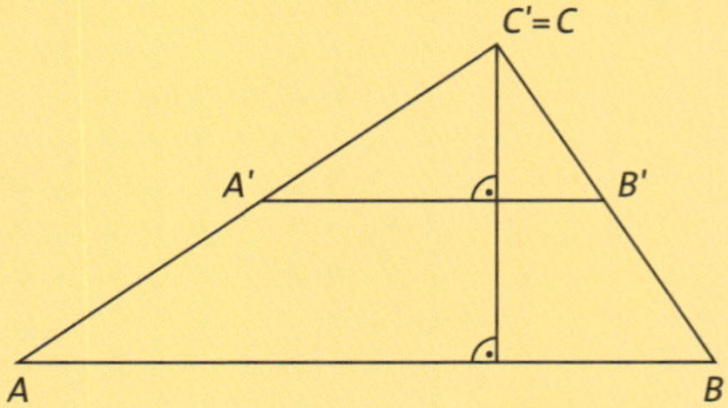

(Abb. im Maßstab 1 : 2)

b) Man zeichnet zuerst ein ähnliches Dreieck $A'B'C'$ mit den richtigen Winkeln und führt dann eine zentrische Streckung aus.

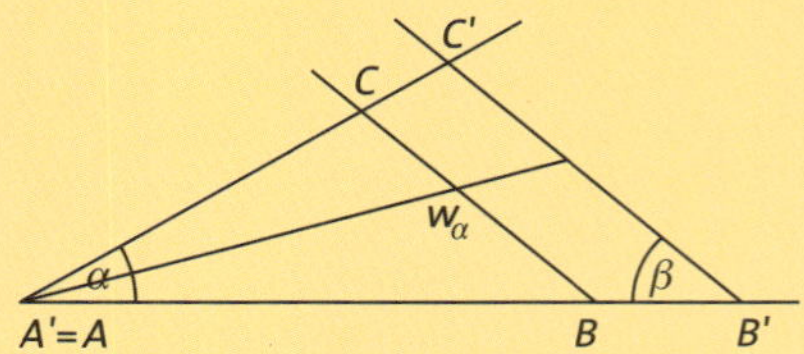

(Abb. im Maßstab 1 : 2)

c) Man zeichnet zuerst ein ähnliches Dreieck $A'B'C'$ (z. B. mit $a = 3$ cm; $b = 4$ cm und $y = 60°$ cm) und führt dann eine zentrische Streckung aus.

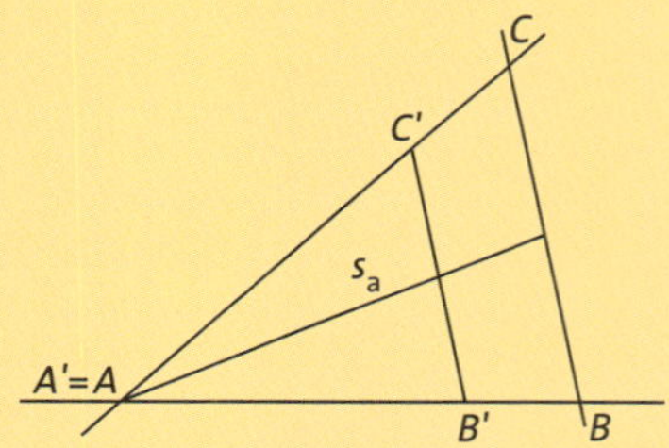

(Abb. im Maßstab 1 : 2)

d) Die Hilfsfigur $AB'D'$ wird zu ABD zentrisch gestreckt. C erhält man durch Parallelverschiebung von $B'C'$ durch B.

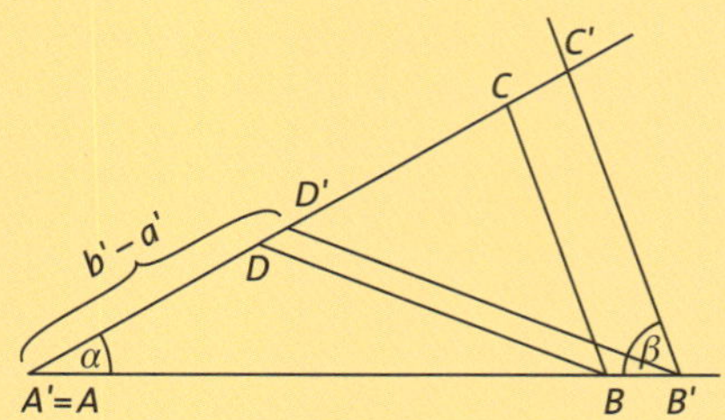

(Abb. im Maßstab 1 : 2)

S. 91 Test 9

1. a) $\overline{A'B'} = 1{,}5\ \overline{AB} = 3\ LE$
$\overline{A'C'} = 1{,}5\ \overline{AC} = 4{,}5\ LE$
$\overline{B'C'} = 1{,}5\ \overline{A'C'} = 4{,}5\ LE$

b)

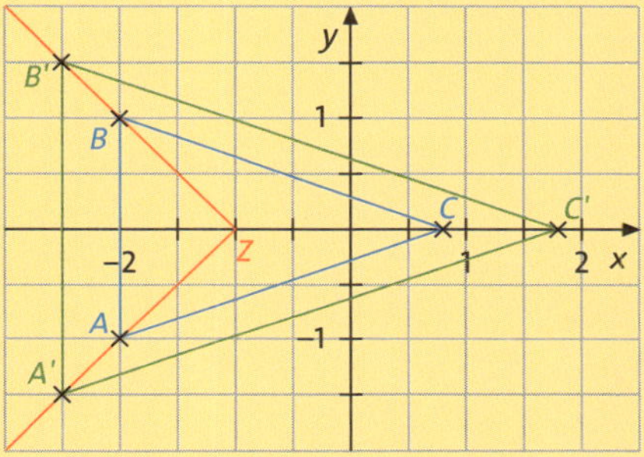

(Abb. im Maßstab 1 : 2)

2. $\frac{y}{3} = \frac{7-x}{7} \rightarrow y = 3 - \frac{3}{7}x$

3. Wegen $\alpha + \beta = 90°$ gilt $\sphericalangle ACF = \beta$ und $\sphericalangle FCB = \alpha$. Damit stimmen die Teildreiecke und $\triangle ABC$ in allen Winkeln überein und sind somit ähnlich.

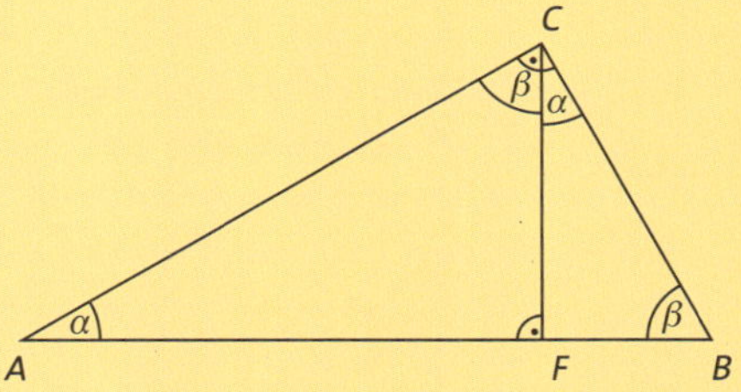

4. Durch zentrische Streckung mit dem Zentrum A wird P' auf P abgebildet. Q, R und S erhält man durch Parallelverschieben.

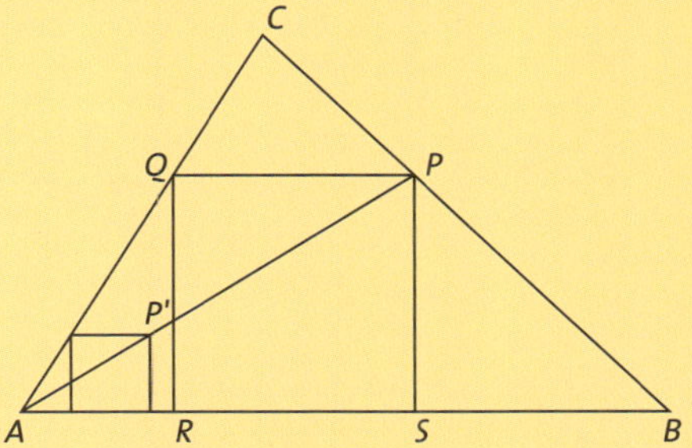

S. 92 Test 10

1.

	a)	b)
Pythagoras	$u^2 + w^2 = v^2$	$r^2 + t^2 = s^2$
Kathetensatz	$w^2 = y \cdot v$ $u^2 = x \cdot v$	$r^2 = u \cdot s$ $t^2 = v \cdot s$
Höhensatz	$z^2 = x \cdot y$	$w^2 = u \cdot v$
Flächeninhalt	$A = \frac{1}{2}\, v \cdot z$ $A = \frac{1}{2}\, u \cdot w$	$A = \frac{1}{2}\, s \cdot w$ $A = \frac{1}{2}\, r \cdot t$

2.

	a	b	c	p	q	h	A
a)	$2\sqrt{5}$	$4\sqrt{5}$	10	2	8	4	20
b)	$\sqrt{10}$	$3\sqrt{10}$	10	1	9	3	15
c)	$2\sqrt{13}$	$3\sqrt{13}$	13	4	9	6	39

3. a) Das Achteck ist in vier gleich große Dreiecke, vier gleich große Rechtecke und ein Quadrat aufgeteilt.
Flächeninhalt der Dreiecke: 16 cm²
Flächeninhalt der Rechtecke: 45,25 cm²
Flächeninhalt des Quadrates: 16 cm²
Gesamtflächeninhalt: 77,25 cm²

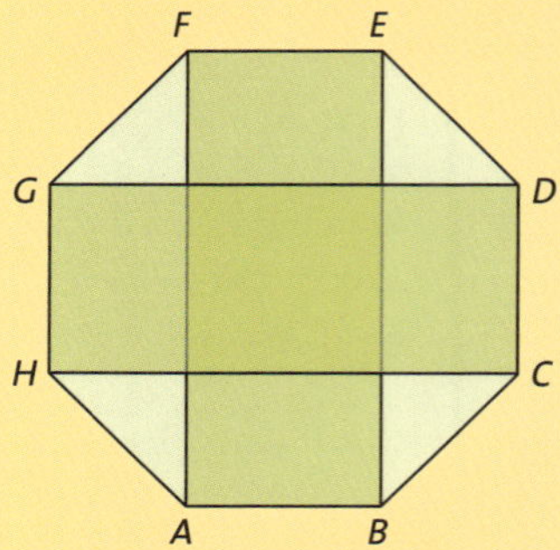

b) $\overline{FA} = \overline{FC} = 9{,}6$ cm; $\overline{FH} = \overline{FD} = 7{,}4$ cm; $\overline{FB} = 10{,}4$ cm

S. 93 Test 11

1. $a = 4$, $c = 5$; $p = 3{,}2$ $q = 1{,}8$; $h = 2{,}4$

2. a) Fläche Quadrat – Fläche Dreieck = gesuchte Fläche
9 cm² – 3,9 cm² = 5,1 cm²
b) Fläche großes Dreieck – Fläche kleines Dreieck = gesuchte Fläche
62,4 cm² – 40,2 cm² = 22,2 cm²

3. a) b) $\overline{AB} = \sqrt{(5-1)^2 + (-1-1)^2} = \sqrt{20} = 2\sqrt{5} \approx 4{,}5$

$\overline{AC} = \sqrt{(3-1)^2 + (4-1)^2} = \sqrt{13} \approx 3{,}6$

$\overline{BC} = \sqrt{(3-5)^2 + (4+1)^2} = \sqrt{29} \approx 5{,}4$

c) 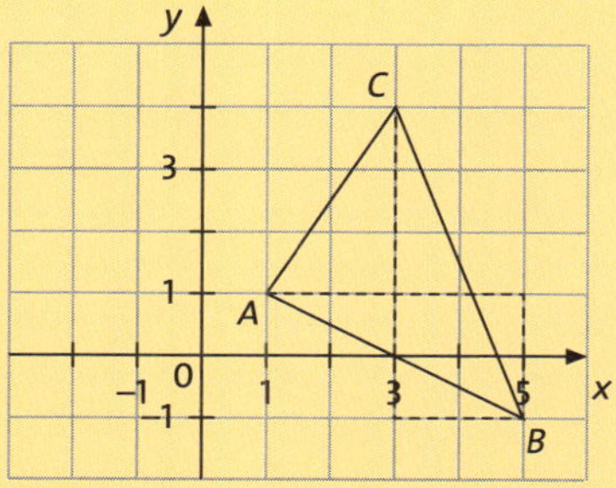

(Abb. im Maßstab 1 : 2)

4. $h^2 = (87\text{ m})^2 - (48\text{ m})^2$
$h = 72{,}6\text{ m}$

5. $p = \sqrt{2}$; $q = \sqrt{3}$; $r = \sqrt{4} = 2$; $s = \sqrt{5}$;
$t = \sqrt{6}$; $u = \sqrt{7}$; $v = \sqrt{8} = 2\sqrt{2}$

S. 94 **Test 12**

1. $|\sqrt{10} - \pi| \approx 0{,}0207$; $|\frac{22}{7} - \pi| \approx 0{,}0013$; $|3{,}14 - \pi| \approx 0{,}0016$;
$|3\frac{1}{8} - \pi| \approx 0{,}0166$; $|3\frac{1}{5} - \pi| \approx 0{,}0584$
$\rightarrow \frac{22}{7}$ weicht am wenigsten von π ab.

2. $u = 4{,}00 \cdot 10^4\text{ km}$; $A = 1{,}27 \cdot 10^8\text{ km}^2$

3.

	a)	b)	c)
r	10	10	10
α	30°	90°	72°
b	$1\frac{2}{3}\pi$	5π	4π
A	$8\frac{1}{3}\pi$	25π	20π

4. $A_{SG} = A_S - A_\triangle = \frac{60°}{360°}\pi r^2 - \frac{r^2}{4}\sqrt{3} \approx 20{,}4\text{ m}^2$

5. a) $u = 2 \cdot \pi \cdot 150 \cdot 10^6\text{ km} = 9{,}42 \cdot 10^8\text{ km}$
b) 1 Jahr $\approx 31{,}5 \cdot 10^6\text{ s}$
$v = \frac{9{,}42 \cdot 10^8\text{ km}}{31{,}5 \cdot 10^6\text{ s}} = 29{,}9\,\frac{\text{km}}{\text{s}}$

6. $r = 4$; $A = 2\pi$

7. a) $R = \frac{a\sqrt{2}}{2}$

$A = R^2\pi - a^2 = \frac{a^2}{2}\pi - a^2 = a^2\left(\frac{\pi}{2} - 1\right)$

b) $r = \frac{a}{2}$; $A = a^2 - r^2\pi = a^2 - \frac{a^2}{4}\pi = a^2\left(1 - \frac{\pi}{4}\right)$

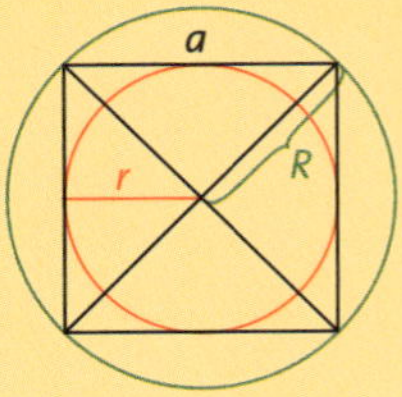

S. 95 **Test 13**

1. Der Grundriss liefert die wahre Länge der Strecke von A nach C: $\overline{AC} = 10$ cm.

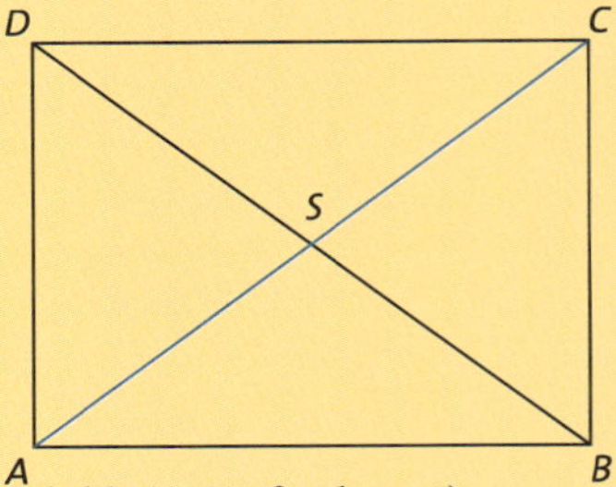

(Abb. im Maßstab 1 : 2)

a)

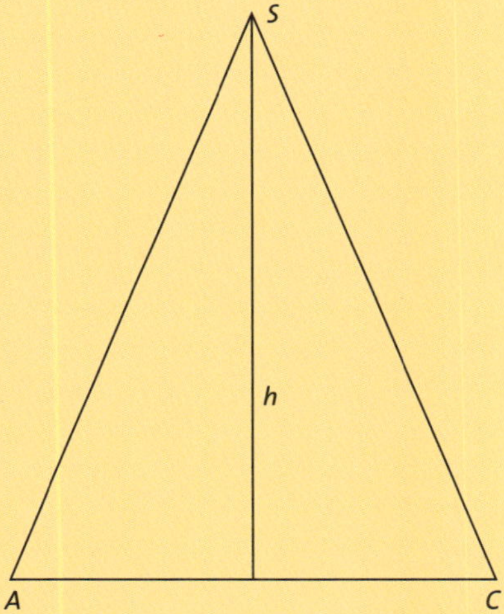

(Abb. im Maßstab 1 : 2)

b)

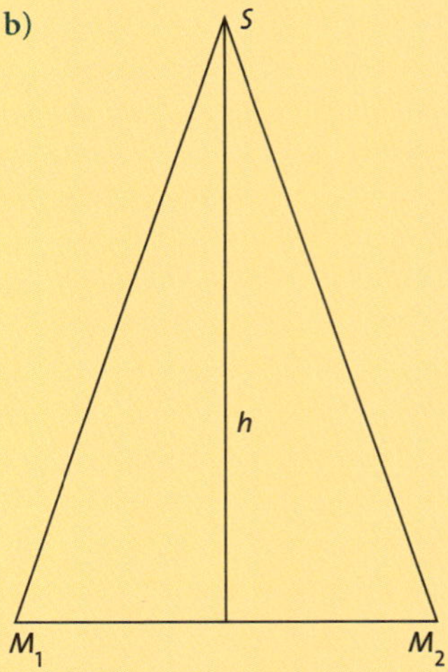

(Abb. im Maßstab 1 : 2)

c) durch Zeichnung: siehe a) und b)

durch Rechnung: $\overline{AC}^2 = (8\text{ cm})^2 + (6\text{ cm})^2$

$\overline{AC} = 10\text{ cm}$

$h^2 = \overline{AS}^2 - \left(\frac{\overline{AC}}{2}\right)^2$

$h^2 = 169\text{ cm}^2 - 25\text{ cm}^2$

$h = 12\text{ cm}$

d) $h_1^2 = \overline{AS}^2 - \frac{1}{4}\overline{AB}^2$
$h_1^2 = 169 \text{ cm}^2 - 16 \text{ cm}^2$
$h_1^2 = 153 \text{ cm}^2$
$h_1 = 12{,}4 \text{ cm}$

e) $h_2^2 = \overline{BS}^2 - \frac{1}{4}\overline{BC}^2$
$h_2^2 = 169 \text{ cm}^2 - 9 \text{ cm}^2$
$h_2^2 = 160 \text{ cm}^2$
$h_2 = 12{,}6 \text{ cm}$

f) $V = \frac{1}{3} G \cdot h$
$= \frac{1}{3} \cdot 48 \text{ cm}^2 \cdot 12 \text{ cm}$
$= 192 \text{ cm}^3$

$O = G + 2 \cdot A_{\triangle ABS} + 2 \cdot A_{\triangle BCS}$
$= 48 \text{ cm}^2 + 8 \text{ cm} \cdot 12{,}4 \text{ cm}$
$+ 6 \text{ cm} \cdot 12{,}6 \text{ cm} \approx 223 \text{ cm}^2$

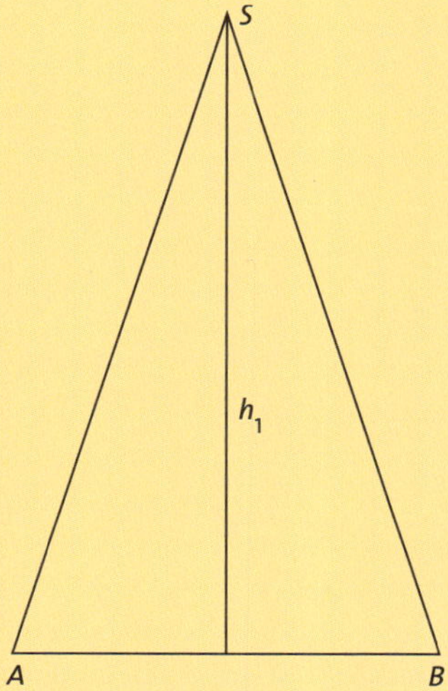

(Abb. im Maßstab 1 : 2)

2. a) $M = 7{,}07 \text{ m}^2$ b) $O = 7{,}42 \text{ m}^2$ c) $V = 0{,}435 \text{ m}^3$

3. $r = 2{,}25$ cm $h = 5{,}6$ cm $O = 58{,}3 \text{ cm}^2$ $V = 29{,}7 \text{ cm}^3$

4.

	Radius r	Oberfläche O	Volumen V
a)	0,3 dm	1,13 dm^2	0,113 dm^3
b)	15 m	2827 m^2	14137 m^3
c)	3,3 cm	136,85 cm^2	150,53 cm^3

S. 96 **Test 14**

1. a) Das Volumen wächst auf das Doppelte.
   b) Das Volumen sinkt auf die Hälfte.
   c) Das Volumen wächst auf das Vierfache.
   d) Das Volumen sinkt auf ein Viertel.

2. a) $V = 763 \text{ cm}^3$ b) $O = 614 \text{ cm}^2$ c) $m = 12{,}7$ cm; $\alpha = 255°$

3. a) *a* 1) $a_r = 3{,}7$ m $a_w = 1{,}8$ m $r_k = 1{,}1$ m
   a 2) $O_r = 23{,}7 \text{ m}^2$ $O_w = 19{,}44 \text{ m}^2$ $O_k = 15{,}2 \text{ m}^2$
   b) *b* 1) $a_r = 1{,}86$ m $a_w = 1$ m $r_k = 0{,}69$ m
   b 2) $V_r = 0{,}76 \text{ m}^3$ $V_w = 1 \text{ m}^3$ $V_k = 1{,}38 \text{ m}^3$

S. 97 Test 15

1. a) Gesucht: β, c und a.
Situation: γ ist rechter Winkel, c ist Hypotenuse; b ist Ankathete zu α

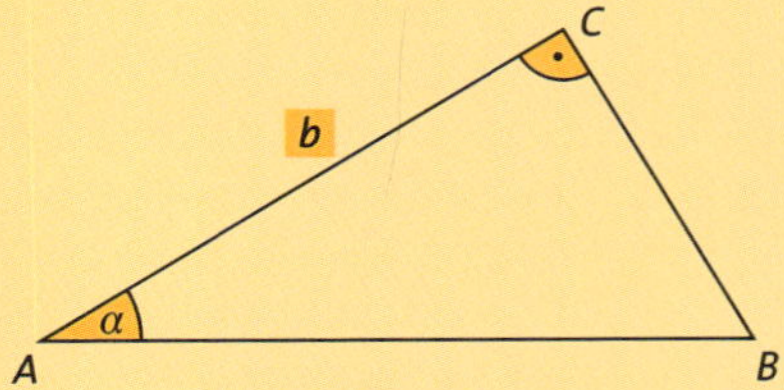

▶ Berechnung des Winkels β:

$$\alpha + \beta + \gamma = 180°$$
$$63{,}7° + \beta + 90° = 180°$$
$$\beta = 26{,}3°$$

▶ Berechnung der Hypotenuse c:

$$\cos\alpha = \frac{\text{AK}\alpha}{\text{Hyp}} = \frac{b}{c}$$
$$\cos 63{,}7° = \frac{6{,}12}{c} \qquad | \cdot c\,;\; : \cos 63{,}7°$$
$$c = \frac{6{,}12}{\cos 63{,}7°} \approx 13{,}81$$

Die Seite c ist 13,81 cm lang.

▶ Berechnung der Kathete a (Gk α) mithilfe von $\tan\alpha$:

$$\tan\alpha = \frac{\text{GK}\alpha}{\text{AK}\alpha} = \frac{a}{b}$$
$$\tan 63{,}7° = \frac{a}{6{,}12} \qquad | \cdot 6{,}12$$
$$a = 6{,}12 \cdot \tan 63{,}7° \approx 12{,}38$$

Die Seite a ist 12,38 cm lang.

b) Gesucht: γ, c und b.
Situation: α ist rechter Winkel, a ist Hypotenuse.

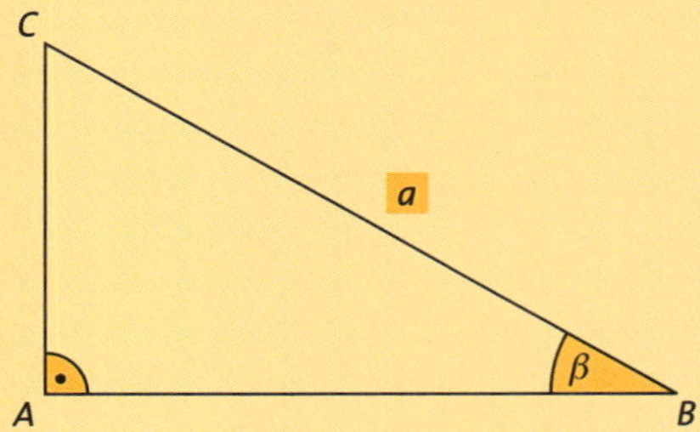

▶ Berechnung des Winkels γ:

$$\alpha + \beta + \gamma = 180°$$
$$90° + 37° + \gamma = 180°$$
$$\gamma = 53°$$

▶ Berechnung der Kathete c (Ak β):

$$\cos\beta = \frac{\text{AK}\beta}{\text{Hyp}} = \frac{c}{a}$$
$$\cos 37° = \frac{c}{4{,}2} \qquad | \cdot 4{,}2$$
$$c = 4{,}2 \cdot \cos 37° \approx 3{,}35$$

Die Seite c ist 3,35 cm lang.

▶ Berechnung der Kathete b (Gk β): $\sin \beta = \frac{\text{GK}\beta}{\text{Hyp}} = \frac{b}{a}$

$\sin 37° = \frac{b}{4{,}2} \qquad | \cdot 4{,}2$

$b = 4{,}2 \cdot \sin 37° \approx 2{,}53$

Die Seite b ist 2,53 cm lang.

2. Gegeben: rechter Winkel, $\alpha = 4{,}6°, f = 12$ km.
Gesucht: Flugstrecke l.
Situation: l ist Hyp, f ist Ak α.

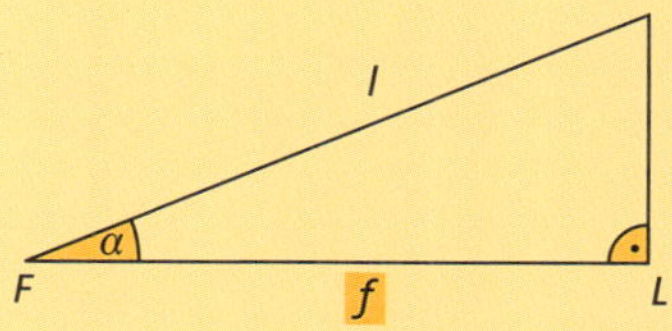

$\cos \alpha = \frac{\text{AK}\alpha}{\text{Hyp}} = \frac{f}{l}$

$\cos 4{,}6° = \frac{12}{l} \qquad | \cdot l\,;\, : \cos 4{,}6°$

$l = \frac{12}{\cos 4{,}6°} \approx 12{,}039$

Antwort: Wenn das Flugzeug sich senkrecht über L befindet, hat es 12,039 km zurückgelegt.

3. Gegeben: $\beta = 90°$, $\alpha = 3°$, $a = 45$ m.
Gesucht: Entfernung c.
Situation: a ist Gk α, c ist Ak α.

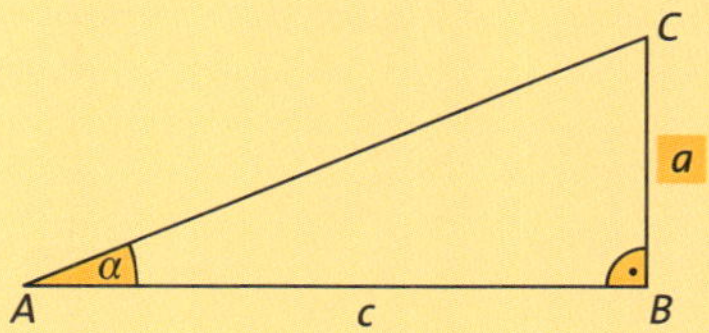

$\tan \alpha = \frac{\text{GK}\alpha}{\text{AK}\alpha} = \frac{a}{c}$

$\tan 3° = \frac{45}{c} \qquad | \cdot c, : \tan 3°$

$c = \frac{45}{\tan 3°} \approx 858{,}65$

Antwort: Das Boot ist 858,65 m vom Leuchtturm entfernt.

4. $2x + c = a$

$2x = a - c = 12 - 8 = 4$

$x = 2$

Die Strecke x ist 2 m lang.
Situation: Im rechtwinkligen Dreieck AED ist $\sphericalangle AED$ der rechte Winkel, s ist Hyp, x ist Ak α, h ist Gk α.

▶ Berechnung von α mithilfe von $\cos^{-1}$: $\cos \alpha = \frac{\text{AK}\alpha}{\text{Hyp}} = \frac{x}{s} = \frac{2}{3{,}5} = 0{,}5714286$

$\alpha = 55{,}15°$

Der Böschungswinkel α ist 55,15° groß.

▶ Berechnung von h (Gk α) mithilfe von sin α:

$\sin \alpha = \frac{GK\,\alpha}{Hyp} = \frac{h}{s}$

$\sin 55{,}15° = \frac{h}{3{,}5} \quad | \cdot 3{,}5$

$h = 3{,}5 \cdot \sin 55{,}15° \approx 2{,}87$

Der Bahndamm ist 2,87 m hoch.

5. a) $\sin(-231°) = \sin(360° + (-231°)) = \sin 129°$
   $\sin(-231°) = 0{,}777146$
   $\sin 129° = 0{,}777146$
   b) $\sin(-304°) = \sin(360° + (-304°)) = \sin 56°$
   $\sin(-304°) = 0{,}8290376$
   $\sin 56° = 0{,}8290376$
   c) $\sin(370°) = \sin(360° + 10°) = \sin 10°$
   $\sin 370° = 0{,}1736482$
   $\sin 10° = 0{,}1736482$

6. a) und b)
   Die Lösungen sind jeweils ein spitzer Winkel x_1, den der Taschenrechner liefert, und ein stumpfer Winkel $x_2 = 180° - x_1$.
   a) 5,74°, 174,26°
   b) 30°, 150°
   c) Es gibt nur eine Lösung, die der Taschenrechner liefert: 143,13°.

S. 98 Test 16

1. a) Gesucht: α, γ und c.
   Situation: ssw; das Paar (b, β) und a sind bekannt.

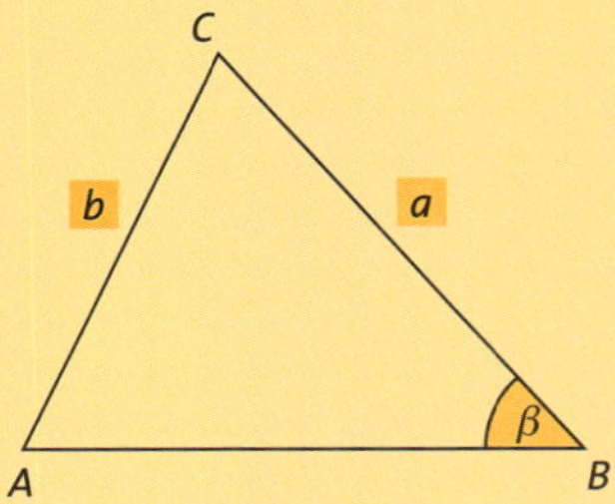

▶ Berechnung von α mit dem Sinussatz:

$\frac{\sin \alpha}{a} = \frac{\sin \beta}{b}$

$\frac{\sin \alpha}{3} = \frac{\sin 20°}{5} \quad | \cdot 3$

$\sin \alpha = \frac{3 \cdot \sin 20°}{5} = 0{,}2052121$

Der Taschenrechner liefert:

$\alpha_1 = 11{,}84°$.

$\alpha_1 + \beta < 180°$; α_1 ist eine Lösung.

$\alpha_2 = 180° - \alpha_1 = 168{,}16°$
$\alpha_2 + \beta > 180°$; α_2 entfällt als Lösung.
Der Winkel α ist 11,84° groß.

▶ Berechnung von γ mit dem Innenwinkelsatz:

$\alpha + \beta + \gamma = 180°$
$11{,}84° + 20° + \gamma = 180°$
$\gamma = 148{,}16°$

▶ Berechnung von c mit dem Sinussatz:

Das Paar (b, β) und γ sind bekannt.

$$\frac{c}{\sin\gamma} = \frac{b}{\sin\beta}$$

$$\frac{c}{\sin 148{,}16°} = \frac{5}{\sin 20°} \quad | \cdot \sin 148{,}16°$$

$$c = \frac{5 \cdot \sin 148{,}16°}{\sin 20°} \approx 7{,}71$$

Die Seite c ist 7,71 cm lang.

b) Gesucht: γ, β und b.
Situation: ssw; das Paar (a, α) und c sind bekannt.

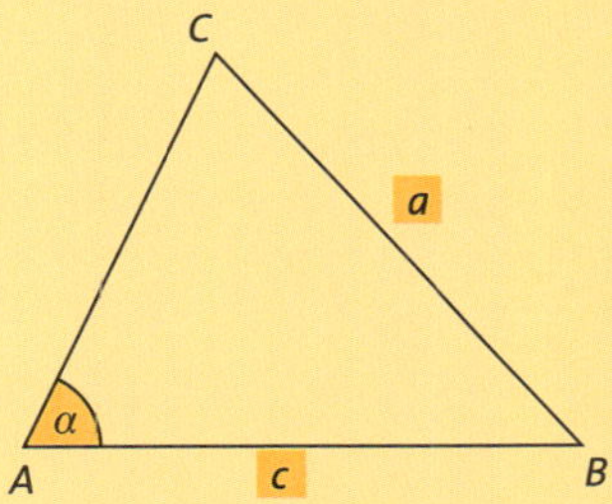

▶ Berechnung von γ mit dem Sinussatz:

$$\frac{\sin\gamma}{c} = \frac{\sin\alpha}{a}$$

$$\frac{\sin\gamma}{9} = \frac{\sin 60°}{7} \quad | \cdot 9$$

$$\sin\gamma = \frac{9 \cdot \sin 60°}{7} = 1{,}1134612$$

Es gibt keine Lösung für γ, da $\sin\gamma$ immer $\leqq 1$ sein muss.

Da der gegebene Winkel der kleineren der beiden gegebenen Seiten gegenüberliegt, ist das Dreieck nicht eindeutig bestimmt. In diesem Fall gibt es keine Lösung.

2. Der Kosinussatz lautet:
$p^2 = q^2 + r^2 - 2q \cdot r \cdot \cos\varphi_1$
$q^2 = p^2 + r^2 - 2p \cdot r \cdot \cos\varphi_2$
$r^2 = p^2 + q^2 - 2p \cdot q \cdot \cos\varphi_3$

3. a) Situation im rechtwinkligen Dreieck *AED*: rechter Winkel bei E, $\overline{AD}$ ist Hyp; *h* ist Gk α.

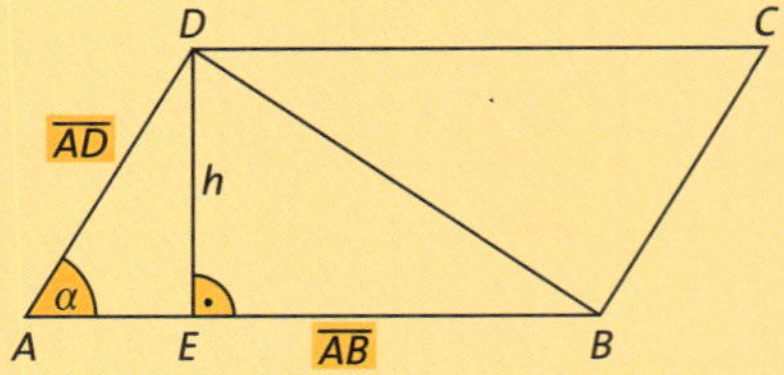

▶ Berechnung von *h* (Gk α) mithilfe von sin α:

$$\sin\alpha = \frac{\text{GK}\,\alpha}{\text{Hyp}} = \frac{h}{\overline{AD}}$$

$$\sin 23° = \frac{h}{4{,}9} \qquad |\cdot 4{,}9$$

$$h = 4{,}9 \cdot \sin 23° \approx 1{,}91$$

Die Höhe *h* ist 1,91 cm lang.

▶ Berechnung des Flächeninhalts:

$$A_{\text{Parallelogramm}} = g \cdot h = \overline{AB} \cdot h$$

$$A_{\text{Parallelogramm}} = 7{,}4 \cdot 1{,}91 = 14{,}134$$

Der Flächeninhalt des Parallelogramms beträgt 14,134 cm².

b) Um $\overline{BD}$ im rechtwinkligen Dreieck EBD berechnen zu können, benötigt man außer *h* und dem rechten Winkel noch eine weitere Größe: $\overline{EB} = \overline{AB} - \overline{AE}$.

▶ Berechnung von $\overline{AE}$ (Ak α) im rechtwinkligen Dreieck *AED*:

$$\cos\alpha = \frac{\text{AK}\,\alpha}{\text{Hyp}} = \frac{\overline{AE}}{\overline{AD}}$$

$$\cos 23° = \frac{\overline{AE}}{4{,}9} \qquad |\cdot 4{,}9$$

$$\overline{AE} = 4{,}9 \cdot \cos 23° \approx 4{,}51$$

Die Strecke $\overline{AE}$ ist 4,51 cm lang.

▶ $\overline{EB} = \overline{AB} - \overline{AE}$

$$= 7{,}4 - 4{,}51 = 2{,}89$$

Die Strecke $\overline{EB}$ ist 2,89 cm lang.

▶ Berechnung der Hypotenuse $\overline{BD}$ im rechtwinkligen Dreieck *EBD*:

$$\overline{DE}^2 + \overline{EB}^2 = \overline{BD}^2$$

$$\overline{BD}^2 = 1{,}91^2 + 2{,}89^2 = 12{,}0$$

$$\overline{BD} \approx 3{,}46$$

Die Diagonale $\overline{BD}$ ist 3,46 cm lang.

4. Um α im rechtwinkligen Dreieck *AFS* berechnen zu können, benötigt man außer h und dem rechten Winkel noch eine weitere Größe.

$\overline{AF} = \frac{1}{2} \cdot \overline{AC} = \frac{1}{2} \cdot d$

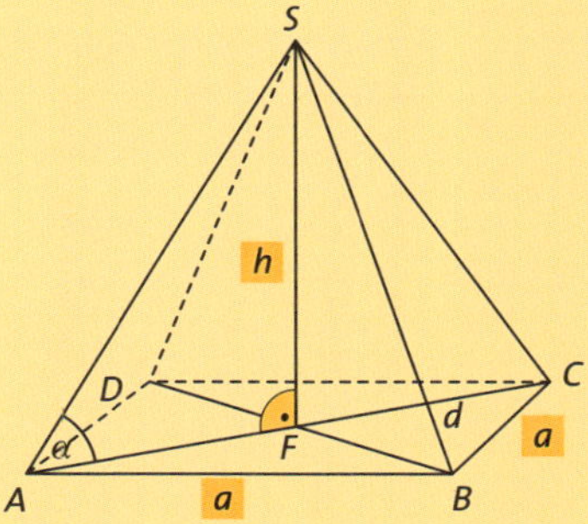

▶ Berechnung der Diagonalen d im Grundquadrat *ABCD*:
Pythagoras: $a^2 + a^2 = d^2$
$d^2 = 2a^2 = 2 \cdot 230^2 = 105800$
$d = 325{,}27$
Die Diagonale d ist 325,27 m lang.

Situation im Teildreieck *AFS*:
rechter Winkel bei F; h ist Gk α, $\overline{AF}$ ist Ak α.

▶ Berechnung von α mithilfe von $\tan^{-1}$:

$$\tan \alpha = \frac{\text{GK}\,\alpha}{\text{AK}\,\alpha} = \frac{h}{\overline{AF}} = \frac{h}{\frac{d}{2}}$$

$$\tan \alpha = \frac{137}{162{,}635} = 0{,}8423771$$

$$\alpha = 40{,}11°$$

Die Seitenkante $\overline{AS}$ schließt mit der Grundfläche den Winkel $\alpha = 40{,}11°$ ein.

5. a) Gesucht: γ, b und c.
Situation: wsw; das Paar (a, α) ist gegeben.

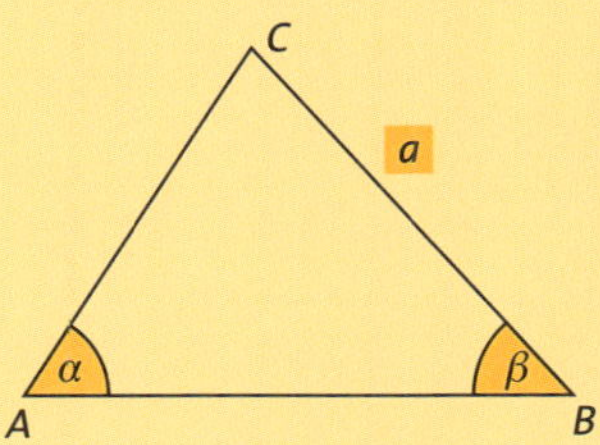

▶ Berechnung von γ mit dem Innenwinkelsatz:

$$\alpha + \beta + \gamma = 180°$$
$$61{,}8° + 47{,}2° + \gamma = 180°$$
$$\gamma = 71°$$

▶ Berechnung von b mit dem Sinussatz:

Das Paar (a, α) und β sind bekannt.

$$\frac{b}{\sin\beta} = \frac{a}{\sin\alpha}$$

$$\frac{b}{\sin 47{,}2°} = \frac{5{,}4}{\sin 61{,}8°} \qquad | \cdot \sin 47{,}2°$$

$$b = \frac{5{,}4 \cdot \sin 47{,}2°}{\sin 61{,}8°}$$

$$b = 4{,}50$$

Die Seite b ist 4,5 cm lang.

▶ Berechnung von c mit dem Sinussatz:

Das Paar (a, α) und γ sind bekannt.

$$\frac{c}{\sin\gamma} = \frac{a}{\sin\alpha}$$

$$\frac{c}{\sin 71°} = \frac{5{,}4}{\sin 61{,}8°} \qquad | \cdot \sin 71°$$

$$c = \frac{5{,}4 \cdot \sin 71°}{\sin 61{,}8°}$$

$$c = 5{,}79$$

Die Seite c ist 5,79 cm lang.

b) Gesucht: β, α und a.
Situation: ssw; das Paar (c, γ) ist gegeben.

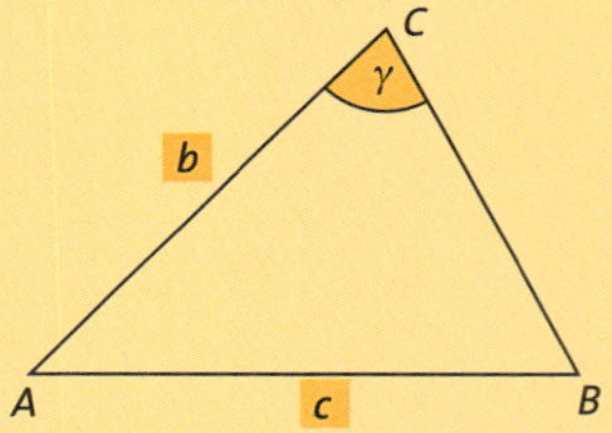

▶ Berechnung von β mit dem Sinussatz:

Das Paar (c, γ) und b sind gegeben.

$$\frac{\sin\beta}{b} = \frac{\sin\gamma}{c}$$

$$\frac{\sin\beta}{5} = \frac{\sin 43°}{4} \qquad | \cdot 5$$

$$\sin\beta = \frac{5 \cdot \sin 43°}{4} = 0{,}852498$$

Der Taschenrechner liefert: $\beta_1 = 58{,}48°$.

$\beta_1 + \gamma < 180°$; β_1 ist eine Lösung.

$\beta_2 = 180° - \beta_1 = 121{,}52°$

$\beta_2 + \gamma < 180°$; β_2 ist eine Lösung.

Da der gegebene Winkel der kleineren der beiden gegebenen Seiten gegenüberliegt, kommen beide Lösungen infrage.

▸ Berechnung von α mit dem Innenwinkelsatz:

$\alpha_1 + \beta_1 + \gamma = 180°$ | $\alpha_2 + \beta_2 + \gamma = 180°$

$\alpha_1 + 58{,}48° + 43° = 180°$ | $\alpha_2 + 121{,}52° + 43° = 180°$

$\alpha_1 = 78{,}52°$ | $\alpha_2 = 15{,}48°$

▸ Berechnung von a mit dem Sinussatz:

Das Paar (c, γ) und α sind gegeben.

$\frac{a_1}{\sin \alpha_1} = \frac{c}{\sin \gamma}$ | $\frac{a_2}{\sin \alpha_2} = \frac{c}{\sin \gamma}$

$\frac{a_1}{\sin 78{,}52°} = \frac{4}{\sin 43°}$ | $\frac{a_2}{\sin 15{,}48°} = \frac{4}{\sin 43°}$

$a_1 = \frac{4 \cdot \sin 78{,}52°}{\sin 43°}$ | $a_2 = \frac{4 \cdot \sin 15{,}48°}{\sin 43°}$

$a_1 = 5{,}75$ | $a_2 = 1{,}57$

Die Seite a_1 ist 5,75 cm lang.
Die Seite a_2 ist 1,57 cm lang.

c) Gesucht: α, β und γ.
Situation: sss; kein Paar gegenüberliegender Größen ist gegeben.

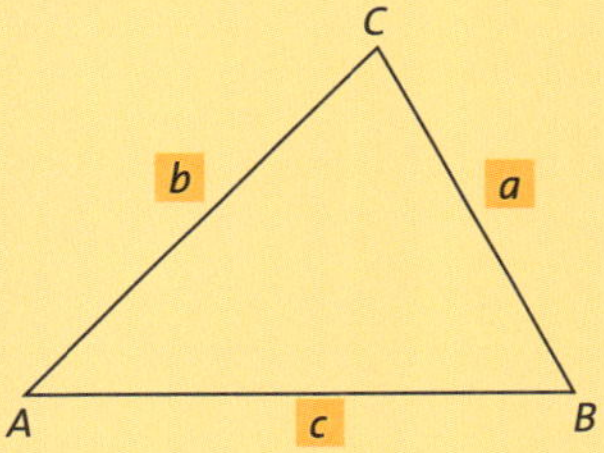

▸ Berechnung von α mit dem Kosinussatz:

$a^2 = b^2 + c^2 - 2bc \cdot \cos \alpha$

$\cos \alpha = \frac{b^2 + c^2 - a^2}{2bc} = \frac{4^2 + 6^2 - 5^2}{2 \cdot 4 \cdot 6} = 0{,}5625$

$\alpha = 55{,}77°$

▸ Berechnung von β mit dem Kosinussatz:

$b^2 = a^2 + c^2 - 2ac \cdot \cos \beta$

$\cos \beta = \frac{a^2 + c^2 - b^2}{2ac} = \frac{5^2 + 6^2 - 4^2}{2 \cdot 5 \cdot 6} = 0{,}75$

$\beta = 41{,}41°$

▸ Berechnung von γ mit dem Innenwinkelsatz:

$\alpha + \beta + \gamma = 180°$

$55{,}77° + 41{,}41° + \gamma = 180°$

$\gamma = 82{,}82°$

d) Gesucht: c, α und β.
Situation: sws; kein Paar gegenüberliegender Größen ist gegeben.

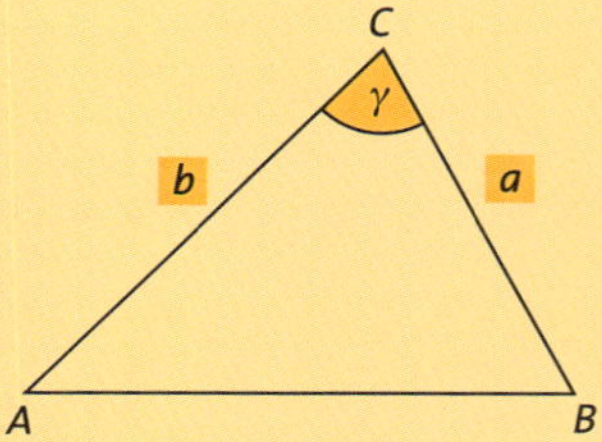

▶ Berechnung von c mit dem Kosinussatz:

$$c^2 = a^2 + b^2 - 2ab \cdot \cos\gamma$$
$$= 5{,}2^2 + 4^2 - 2 \cdot 5{,}2 \cdot 4 \cdot \cos 100°$$
$$= 50{,}263764$$
$$c = 7{,}09$$

Die Seite c ist 7,09 cm lang.

▶ Berechnung von α mit dem Sinussatz:

Das Paar (c, γ) und a sind bekannt.

$$\frac{\sin\alpha}{a} = \frac{\sin\gamma}{c}$$
$$\frac{\sin\alpha}{5{,}2} = \frac{\sin 100°}{7{,}09} \quad | \cdot 5{,}2$$
$$\sin\alpha = \frac{5{,}2 \cdot \sin 100°}{7{,}09} = 0{,}722285$$

Der Taschenrechner liefert: $\alpha_1 = 46{,}24°$.
$\alpha_1 + \gamma < 180°$; α_1 ist eine Lösung.
$\alpha_2 = 180° - \alpha_1 = 133{,}76°$
$\alpha_2 + \gamma > 180°$; α_2 kommt als Lösung nicht infrage. Der Winkel α ist 46,24° groß.

▶ Berechnung von β mit dem Innenwinkelsatz:

$$\alpha + \beta + \gamma = 180°$$
$$46{,}24° + \beta + 100° = 180° \qquad \beta = 33{,}76°$$

S. 99 Test 17

1. a) $\binom{6}{4} = \frac{6!}{4!\,(6-4)!} = \frac{1 \cdot 2 \cdot 3 \cdot 4 \cdot 5 \cdot 6}{1 \cdot 2 \cdot 3 \cdot 4 \cdot 1 \cdot 2} = \frac{30}{2} = 15$

   b), c) gleiches Resultat

2. $n = 4$; $p = \frac{1}{4}$; $k = 2$; $(1-p) = \frac{3}{4}$

   P (genau 2 Treffer) $= \binom{4}{2} \cdot \left(\frac{1}{4}\right)^2 \cdot \left(\frac{3}{4}\right)^2 \approx 0{,}211 = 21{,}1\,\%$

3. $n = 5$; $p = 0{,}9$; $(1-p) = 0{,}1$; $k = 4$

   a) P (TTTTN) $= 0{,}9^4 \cdot 0{,}1 \approx 0{,}066 = 6{,}6\,\%$

   b) P (genau 4 Treffer) $= \binom{5}{4} \cdot 0{,}9^4 \cdot 0{,}1 \approx 0{,}328 = 32{,}8\,\%$

4. Weil die Trefferwahrscheinlichkeit p nicht gleich bleibt.

Sichwortverzeichnis

G

H

I

K

L

M

N

O

P

Q

R

S